本書系國家古籍整理出版專項經費資助項目
本書由上海文化發展基金資助出版

尅敵武畧熒惑神機

（點校、註釋本）

明遺民崇德吕留良晚村舊藏·現浙江省圖書館庋藏

〔明〕劉基　序　潘吉星　張明悟　點校、註釋

上海遠東出版社

尅敵武畧熒惑神機（點校、註釋本）

［明］劉基　序
潘吉星　張明悟　點校　註釋

出　　版　上海遠東出版社
　　　　　（200235　中國上海市欽州南路 81 號）
發　　行　上海人民出版社發行中心
印　　刷　上海锦佳印刷有限公司
開　　本　889×1194　1/16
印　　張　24
插　　頁　4
字　　數　828，000
版　　次　2018 年 8 月第 1 版
印　　次　2018 年 8 月第 1 次印刷
ISBN 978-7-5476-1205-7/T·106
定　　價　298.00 圓

圖書在版編目（CIP）數據

尅敵武畧熒惑神機：點校、註釋本／（明）劉基序；潘吉星，張明悟點校、註釋．—上海：上海遠東出版社，2018
ISBN 978-7-5476-1205-7
Ⅰ．①尅…　Ⅱ．①劉…　②潘…　③張…　Ⅲ．①火器—技術史—中國—明代　Ⅳ．①E92-092
中國版本圖書館 CIP 數據核字（2016）第 264955 號

責任編輯　楊林成　張喜梅
整體設計　品悅文化
封面設計　李　廉

◎本書係國家古籍整理出版專項經費資助項目
◎本書由上海文化發展基金資助出版

從明抄本《克敵武略熒惑神機》看其底本元代火攻書《火龍神器圖法》

潘吉星

元末匿名作者執筆的《火龍神器圖法》（以下簡稱《圖法》），是繼北宋的《武經總要》（一〇四四）之後中國第二部綜合性插圖本火攻專著，它總結了南宋、金、元時期火藥火器技術成果，爲明清火藥火器技術發展奠定基礎。但此書長期失傳，明清好事者遂將其衍生本《火龍神器陣法》等誤認爲劉基或焦玉在元明之際的原創著作，且編造此二人之序及受武夷山山洞中仙師傳授的故事，將讀者的認識引入歧途。

此處我們據一九七八年發現的十六世紀明嘉靖年傳抄本《克敵武略熒惑神機》（以下簡稱《克敵》）的可靠記載，重新研究了《圖法》成書時間、地點、內容以及其衍生本在明清的傳播及影響等。應當指出，借助於這部新發現的抄本《克敵》，可使已失傳的元代火攻書原貌再現於世，它是研究十三至十四世紀中國火器技術的權威史料，將使中國和世界火器史重新改寫。

一、《火龍神器圖法》的成書時間和地點

火藥和火器技術起源於中國，并傳到世界各地。最初的火藥在晚唐至五代（八五〇至九六〇）被發現和應用(一)之後，經歷兩宋（九六〇至一二七九）、金（一一一五至一二三四）、蒙古和元（一二六〇至一三六八）、明（一三六八至一六四四）和清（一六四四至一九一一）五朝發展，共九百五十一年。研究中國傳統火藥火器史，需查閱此五朝史書

(一) 關於火藥起源，參見潘吉星：《中國火藥史》第三章第三節，上海：上海遠東出版社二〇一六年版。

記載、考古發掘報告和傳世實物資料，尤需查閱此五朝之專業火攻書。

但一九〇〇至一九八〇年間人們衹能看到北宋及明清後半期火攻書，其中北宋大臣曾公亮（九九八至一〇七八）《武經總要》（一〇四四）及明末學者茅元儀（一五九四至一六三七）《武備志》（一六二一）成爲備受推崇的代表作，但南宋、金、元三朝火攻書甚爲罕見。幸有清代目録學家倪燦（一六二七至一六八八）編、盧文弨（一七一七至一七九五）續編的《補遼金元藝文志》（一七九〇）可補此空缺，該書《子部·兵家類》補入元代不知作者姓名的八家四十八卷兵書，其中六卷本《火龍神器圖法》[一]，最值得我們注意。這是一部以火器爲主的插圖本火攻書，構成宋至元明之間轉型期内火攻書系列的中間環節，成爲明清時出現和流傳的《火龍神器陣法》的祖本和其他火攻書的徵引對象。

但倪、盧提供的信息并不多，僅指出書名和卷次，未談及成書年代及内容等。欲了解更多情况，還要深入調研和探討。（按：『火龍神器』一詞首見於這部元代火攻書中，皆神奇而靈驗的火藥武器。）南宋以降，由於製成高硝（大於70%）粒狀火藥，使火藥功能充分發揮，不僅可用作炸藥，還可用作發射藥，從而研製出一批新式火器，如火箭、噴火槍、金屬銃炮和鐵殼炸彈等[二]。它們在元代用於國内各戰場，還在蒙古軍第三次西征（一二五三至一二五八）時用於歐洲戰場。《圖法》總結了南宋、金、元三朝火藥火器技術發展新成果，全面介紹各種火藥火器的製造和使用，是繼《武經總要·火攻篇》之後中國第二部論述火藥火器的綜合性插圖本軍事技術專著，爲明清五百多年火藥火器技術發展奠定基礎，起承前啓後的重大歷史作用。

元代中國是空前統一的多民族封建大帝國，作爲少數民族的蒙古貴族統治集團入主中原後，沿襲金朝女真

[一]（清）倪燦編，（清）盧文弨補：《補遼金元藝文志》（一七九〇），《二十五史補編》，上海：開明書店一九三六年排印本，第六册第八五〇六頁。

[二] 潘吉星：《論南宋發展的幾種新式筒形火器》，《北京教育學院學報》（自然科學版）二〇〇一，一（一）：二—九。

族統治者推行的民族等級制度，將治下人民分爲四等：一等爲蒙古人，二等爲色目人（指西北少數民族、中亞人及西域人），三等爲北方漢人及漢化的契丹人、女真人，四等爲南人（南宋地區的漢人，又稱『蠻子』）。占總人口90%、文化高度發達的漢人成爲最下等人。各等人在政治和法律上待遇不同，權利和義務也極不平等[一]。例如蒙古人可持武器和騎馬，嚴禁漢人持兵器（甚至鐵尺）、養馬和騎馬[二]。更不許用漢文編寫火攻書，但火攻書可用蒙古文編寫，衹供蒙古人内部使用，等等。除民族歧視外，對廣大漢人剥削、壓榨也有增無減。連年對外征戰使廣大群衆苦不堪言，民族矛盾和階級矛盾日趨尖鋭。至元末順帝至正年後期（一三五三至一三六八）各地爆發群衆起義，元朝統治氣數已盡。《圖法》就是在元末政權衰敗、各地反元起義、群雄割據的天下大亂之際，有心人將當時火龍神器技術編成插圖本書册，以滿足軍需。其成書時間應在元順帝至正十至二十年間（一三五〇至一三六〇），然所載火器反映宋、金、元期間發展成果。成書地點顯然是元代江浙行省，特別是今蘇南、浙東等江南經濟、文化和技術發達地區。

至正年間漢人、南人已衝破元順帝一再下達的禁令，而以火器抗擊官軍，并催生了普及火藥火器知識的《圖法》的問世。當然，編寫這類書是要冒殺頭和滅族風險的，因此作者隱姓埋名。這樣的書衹能以抄本形式秘密流傳於民間。

二、《圖法》明嘉靖年重抄本之發現

元末朱元璋的謀士劉基建議，參考《圖法》製造火器裝備起義軍，在推翻元統治、鏟除割據勢力的鬥争中大

[一] 韓儒林：《元朝史》，北京：人民出版社一九八一年版，下册第六章；蔡美彪主編：《中國歷史》，北京：人民出版社一九八七年版，第七册第八三頁。

[二] （清）畢沅：《續資治通鑒》，上海：上海古籍出版社一九八七年版，卷一八四第一〇三二、一一四七、一一四九頁。

顯軍威。明初洪武元年至四年（一三六八至一三七一），中書省兩丞相李善長（一三一四至一三九〇）和徐達（一三三二至一三八五）奉敕再參照《圖法》組織火器生産，三年（一三七〇）約劉基爲書寫序。

劉基（一三一一至一三七五）爲明代開國功臣(一)，字伯温，浙江青田縣人，元至順三年（一三三二）進士，至元間（一三三五至一三四〇）爲江西高安縣丞（副縣令），爲官廉直受排擠，返鄉攻讀。基博通經史，文武兼備，於書無所不讀，尤精天文、曆象、地理及象緯之學，工詩文，通兵法，有經天緯地之才，時人贊爲諸葛孔明復出。因在官場疾惡如仇、直言不諱，致二十年間一直任七品小官。至正十二年（一三五二）在江浙元帥府做文檔工作時得到六卷本《圖法》抄本，并熟讀之。

劉基（一三一一—一三七五）像

至正二十年（一三六〇）朱元璋大軍渡江南下，聞劉基名，禮聘入幄，獻實務十八策，陳天下大勢及進取方略，元璋盡納之，對基尊禮有加，不呼其名常以老先生稱之。基伴元璋征戰各地，參與所有重大戰役的運籌决策，屢建奇功。吴元年（一三六七）拜御史中丞（正二品）兼太史令。洪武元年（一三六八）朱元璋稱帝，基建言行寬政、勿重用胡惟庸爲相，有忤帝意。權奸胡惟庸借機構陷劉基，四年（一三七一）基辭歸，憂憤成疾，八年（一三七五）被胡惟庸遣人毒死，享年僅六十五歲。《明史》稱『基佐定天下，料事如神』。

明太祖、成祖强勢統治期間（一三六八至一四二四）國家統一、富强、海内承平。但明中後期（十六至十七世紀）政權開始腐敗，一些統治者不思進取，而是貪圖享樂，朝政及國勢每况愈下，内憂外患頻仍。一時談兵者群起，出

（一）（清）張廷玉：《明史》卷一二八《劉基傳》，二十五史本第一〇册，第八一六五至八一六六頁，上海：上海古籍出版社一九八六年版；周群：《劉基評傳》，南京：南京大學出版社一九九五年版，第四〇一至四〇六頁及其他頁。

現明抄火攻書以應時局之需。清代中晚期（十八至十九世紀）遭西方列强入侵，喪權辱國，激起愛國軍民奮起抗敵，清抄、清刊火攻書應運而出。

長期以來，中外研究者無人知道比現存清抄本早二三百年但有同樣内容的明中葉嘉靖年抄本火攻書尚存於世。此珍貴版本是明史大家、中國社科院歷史所資深研究員謝國楨（一九〇〇至一九八二）先生一九七八年發現的[一]。他在浙江圖書館見到有圖火攻書《克敵》，以楷體抄於藍絲格紙上，認定其『字體極舊，確是明抄』，遂將抄寫年代斷爲『明中葉外患頻仍之際』即嘉靖年間。我們詳細參考原本後認爲謝老的判斷是精準的。卷十有後人添加的新從西方傳入的佛郎機、鳥銃，也説明爲嘉靖時人所爲。該書雖珍貴，然迄今仍很少有人問津，必須大力推介。此書板框縱二十三點二厘米，横十五點一厘米。相當於今十六開，半頁九行，行二十二字，白口、單魚尾，四針眼裝訂，正文字零点八厘米見方，注文字零点五厘米見方[二]。

書中鈐五枚篆文朱印，以『吕晚村家藏圖書』所鈐時間最早，此爲清初浙江籍反清門士吕留良所鈐。吕留良（一六二九至一六八三），字莊生，號晚村，桐鄉人，清順治年散家財，聯絡豪杰發動反清復明鬥争，事敗，隱居鄉間教授生徒，灌輸反清思想。雍正十年（一七三二）被朝廷列爲欽犯，剖棺戮屍，焚其著作，滅其族人[三]。其所藏火攻書能保留至今，算是奇迹。『友信』爲另一藏主，匿其實名。此後再無私家鈐印，且秘不示人，使此書長期湮没無聞。一九四三至一九四九年歸英士大學及浙江大學圖書館，抗日戰争時隨館輾轉遷移，直到一九五一年轉浙江圖書館後纔安頓下來。據劉基洪武三年（一三七〇）序，吕留良舊藏本之底本應是至元正十二年（一三五二）劉基在杭

[一] 謝國楨：《江浙訪書小識》，《中華文史論叢》（上海）第三輯，第三六八至三六九頁。
[二] 浙江圖書館善本室張群先生二〇一三年六月六日致筆者的信。
[三] 鄂世鏞等主編：《清史研究》上編，沈陽：遼寧人民出版社一九八〇年版，第三〇〇頁。

州得到的元抄本《圖法》。序中説：

> 餘舊得是書，即帷幄間未得一一罄試，然不敢不熟諳胸中，兼以精謄，謹隨行橐者。[一]

這是説，劉基得此書抄本後，便於一三六〇—一三六七年在朱元璋帳下當謀士，未及對書中百多種火器逐一試遍，祇好熟記心中。再精抄一副本放於行囊中備轉戰各地隨時參閲。劉基對傳承此元代火攻書有重大歷史貢獻。他在談到使用此書的心得體會時，主張把《圖法》中所述攻敵火器與《孫子兵法》（前五一二）中所述對敵韜略結合起來，方爲萬全之策。因此將書名易爲《克敵武略熒惑神機》，可釋爲『克敵製勝的軍事謀略與火攻所用的神奇火器』，倡韜略與火器并用説。發現《克敵》的最大意義是使一度失傳的元代火攻書再現於世，發現了《克敵》也就等於發現了《圖法》，過去感到史料不足的十三至十四世紀中國火藥火器史就有寫頭了。

三、以《克敵》看《圖法》之内容

浙江圖書館藏《克敵》的元至正年底本，本名爲《火龍神器圖法》，全書三個單元，第一及第三單元分別是火攻總論及火藥專論，各占一卷。第二單元分論各種火器，按用途分爲八大類：（一）衝陣，（二）遠攻，（三）近攻，（四）水攻，（五）埋伏，（六）劫營，（七）攻城，（八）防守，上述每兩類火器合爲一卷，火器部分占四卷，全書共六卷。洪武三年（一三七〇）劉基應中書省之約爲此本寫序時，將《圖法》改名爲《克敵》，讓每類火器占一卷，於是六卷本成爲現在的十卷本，内容未變。

（一）（明）劉基：《克敵武略熒惑神機·序》，洪武三年八月十五日寫於南京，見該書卷首。

應當説將火器按用途分類在技術上判斷是不嚴謹的，因不少火器都可攻可守、可遠可近，且水陸兼用，同一種火器可列入不同卷中反復出現，叙述起來易造成混淆。不如按火器構造及功能分成六大類更爲嚴謹：（一）火箭類：單飛火箭、集束火箭（圖一）、火箭彈及火銃箭。（二）金屬筒形射擊火器：火銃、前膛裝銃炮及子母炮、後膛裝子母炮。（三）火焰噴射器：噴火槍、多用途噴火槍、噴火筒。（四）暗藏火器：地雷、水雷及定時炸彈。（五）爆發性火器：炸彈、手榴彈、毒氣彈及烟霧彈。（六）携帶或安裝各種火器的盾牌、戰車及戰船，共二十一種。我們將按這一分類方案叙述火器，但無意更改原書分類及分卷。

此書第一單元總標題『火攻總論』，爲卷一内容，含五節：（一）火攻風候。講火攻應順天時，掌握天文—氣象知識，預知起風時間、風向及風力大小。（二）火攻地利。借地利優勢用不同火攻方式及火器。（三）火攻器制。按用途將火器分爲八大類，作戰時根據需要（用途）選用適當的火器。（四）火攻藥法。在世界史上第一次陳述了火藥燃燒理論，在解釋火藥燃燒機制及各成分作用時指出，火攻之藥硝、硫爲君，木炭爲臣，毒藥、烟藥爲使。必知藥性之宜，斯得火攻之妙。

硝性主直，直擊者以硝爲主。硫性主橫，橫發者以硫爲主。灰（木炭）性主火，火各不同。性直者主遠擊，硝九硫一；性横者主爆擊，硝七而硫三。北宋的《武經總要》列舉出

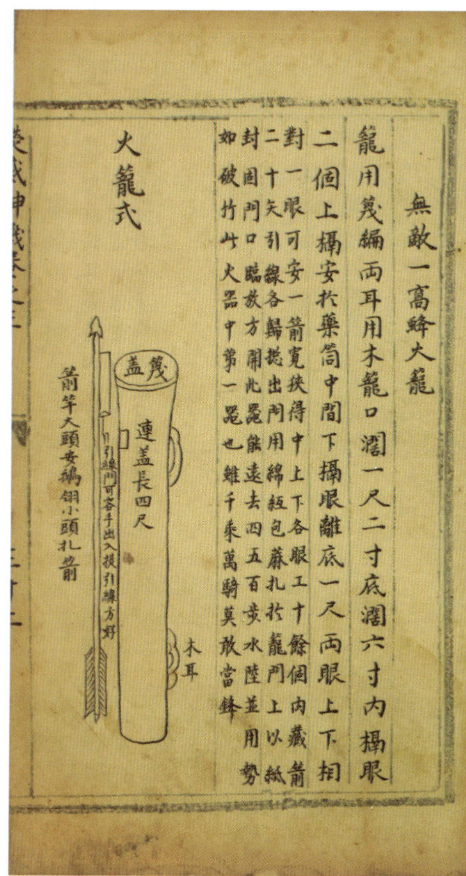
無敵一窩蜂火龍
龍用篾編兩耳用木籠口濶一尺二寸底濶六寸内揭眼二個上揭安於藥筒中間下揭眼離底一尺兩眼上下相對一眼可安一箭寬狹得中上下各眼工十餘個内藏箭二十矢引線各歸總出門用綿紙包蘇孔於龍門上以紙封固門口臨放方開此器能遠去四五百步水陸並用勢如破竹此火器中第一器也雖千乘萬騎莫敢當鋒

圖一：無敵一窩蜂火龍箭（集束火箭），見卷三

火藥各成分配比，但未講出所以然。元代的《圖法》參照古代本草學『藥有君臣佐使』的配伍理論，結合火攻實踐而發展的火藥燃燒理論，被明清火攻書奉爲圭臬，爲配藥提供理論指導，有歷史意義。

卷一第五節『火攻兵戒』指出，火攻之法用無不勝，但不可輕用、妄用，應講求上順天時，下得地利，中應人和。爲將者應知己知彼，以仁爲心法，以義爲軍聲，以信爲紀律，明賞罰，因時制宜，設奇料敵。作戰時應避免傷及無辜，不可殺戮俘虜及降敵。卷一還有第六節『火攻玄機歌』共二十七頁，這一節用七言韵語道出火攻玄機并加以解釋。文字風格與其他卷迥异，且與上下文不相銜接，還出現了十五世紀後才始見的用語『夜不收』。這都説明該節是後人加筆。

第二單元『火攻神器』篇幅最長，占八卷（卷二至九），涉及一百六十九種武器，含火器一百五十六種（占92%）。按不同用途分八大類，每類一卷，共六十一幅圖，構成本書重點。火器雖有百種以上，并非都有效與實用，有些是歷史上用過的，元代已棄用，列舉出來意在求全。但應指出，其中也確實收入南宋、金元以來發展起來的許多創新型火器，成爲本書之精華。按火器構造及功能的分類而提出的二十一種火器，皆中國所發明，并傳入東西方其他國家。本書可貴之處是第一次給出許多新推出的火器的詳細説明和圖像，幫助讀者準確認識其構造。如卷五水底龍王炮。從圖像中可知其爲以定時炸彈引爆的水雷（圖二），十四世紀發明於中國，歐洲十六世紀才有水雷[一]。卷三載八面旋風吐霧轟雷炮（圖三）爲可發射内含炸藥的球形中空彈丸的子母炮，西方同類火器出現於十六世紀，英國在十八世紀才使用。[二]

卷十爲本書第三單元《火器藥品》，集中介紹各種火藥配方（有時其他卷也附有某火器火藥方），總共三十一

（一）Partington, J. R. *A history of Greek Fire and gunpowder*, Cambridge: Heffer & Sons, Ltd, 1960, pp. 172—173.

（二）*Ibid*; pp.165–166.

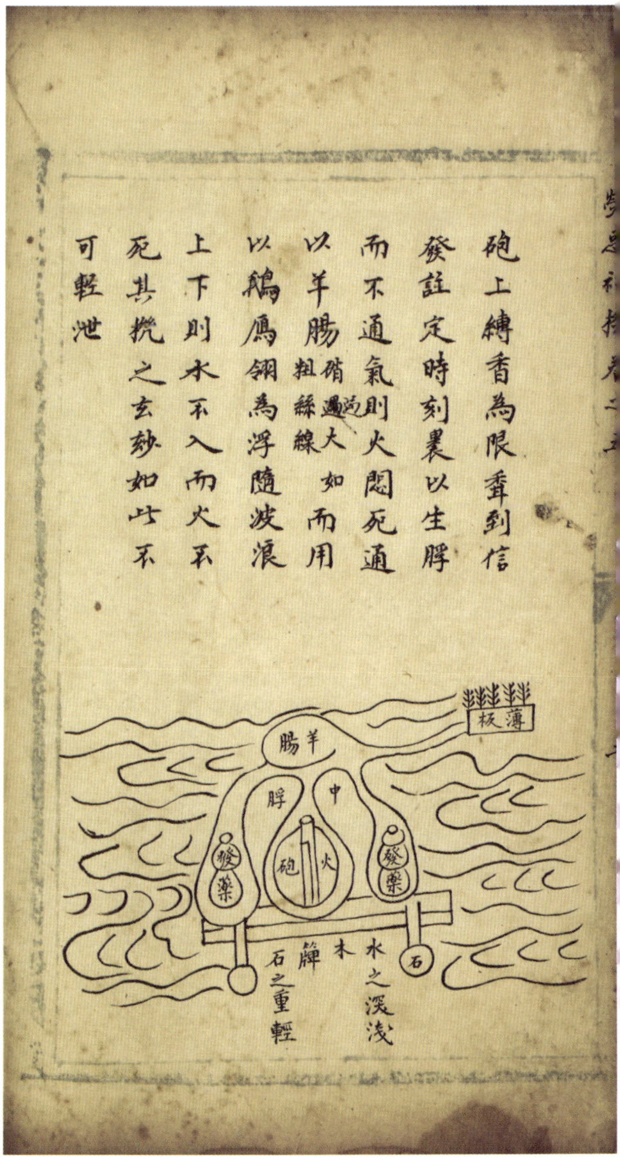

砲上縛香為限香到信
發註定時刻裹以生脬
而不通氣則火悶死通
以羊腸硝過粗絲線火如　而用
以鵝鴈翎為浮隨波浪
上下則水不入而火不
死其機之玄妙如此不
可輕泄

圖二：水底龍王炮（以熟鐵打造，可發出鉛彈的水雷），見卷五

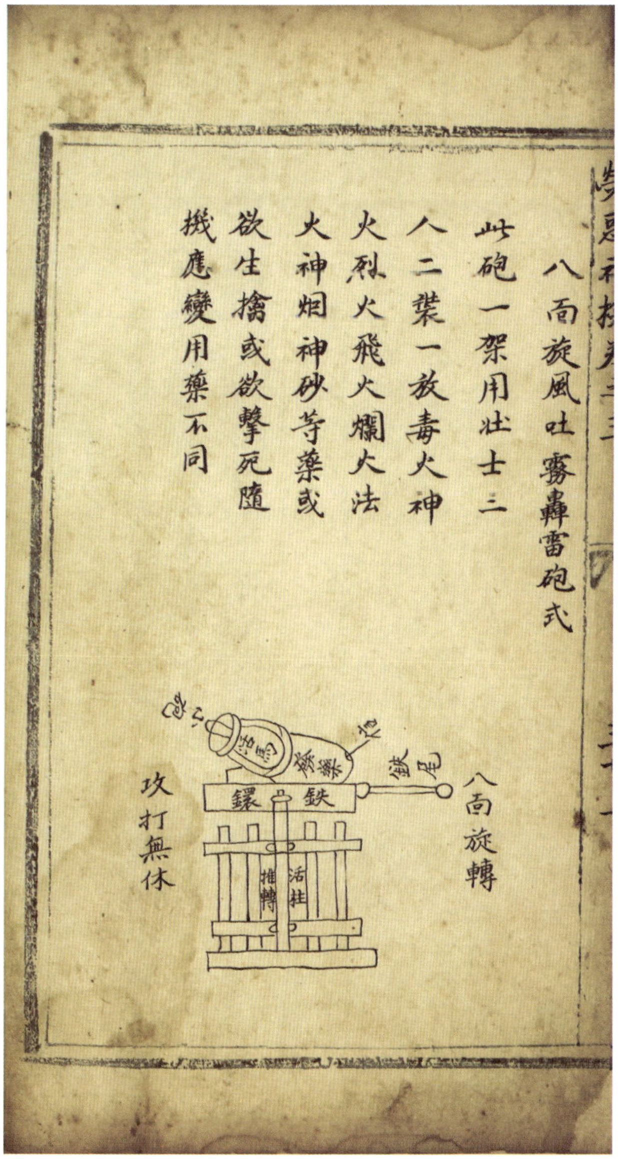

八面旋風吐霧轟雷砲式
此砲一架用壯士三
人二裝一放毒火神
火烈火飛火爛火法
火神烟神砂等藥或
欲生擒或欲擊死隨
機應變用藥不同

圖三：八面旋風吐霧轟雷炮（從母炮中發出含火藥的中空鐵彈的子母炮），見卷三

方，因火器不同而异，包括發射藥、炸藥、毒火藥及解藥、火炮藥、噴筒藥、信藥、銃藥、紙炮藥、流星藥及千子雷藥等，分别列出其各成分用量。還談到製取硝石、硫黄和木炭的方法。在明以前火攻書中以此書所載火藥、火器種類最多，叙述最爲詳盡，且圖文并茂。本卷和卷一是嘉靖時人加寫内容最多之處，衹有將其從正文中剔除，纔能恢復《圖法》本來面目。

我們在卷十開頭處看到占五頁多篇幅的無敵火龍神藥方，也以七言韵語形式介紹與二十八宿相呼應的二十八种有毒草藥。但它們并不是火藥的有效成分，與火藥無關，顯然是嘉靖後期添寫的。另一條目《破火銃陣法》以污辱孕婦的下作手法對敵，爲兵家所不齒，不可能爲《圖法》所固有。卷一及卷十出現佛郎機、鳥銃及發礦，也是嘉靖時人添加的。發礦或發撲、發熕，是葡萄牙語bocas de fago之音譯，即改進型前膛裝大炮。有人説是英語gun的音譯[一]，不妥，因此時英國人尚未出現於廣東洋面。按佛郎機在歐洲初見於十四世紀後半（一三六一至一三九八）[二]。鳥銃在歐洲出現於十五世紀[三]。《圖法》成書時，西方還没有這些火器，它們是十六世紀通過葡萄牙人傳入中國的[四]。《圖法》成書時，上述三種火器尚未在歐洲問世，但中國已有了與後世佛郎機結構相似的子母炮了。

四、《圖法》在明清的傳播

如前所述，元至正本原著《火龍神器圖法》在元明之際已難得一見，明清人使用的多是以元至正本爲祖本的全

（一）鍾少异：《關於焦玉火攻書的年代》，《自然科學史研究》，一九九九年第二期，第一五一頁。
（二）Reid. W. *The lore of arms. London* : Beazley, 1976, p59.
（三）Hogg, Ian V. *An illustrated history of firearms*. New York, 1980, p.10.
（四）張維華：《明史歐洲四國傳注釋》，上海：上海古籍出版社一九八二年版，第十九—二十一頁。

抄本、摘抄本甚或改編本。其中以劉基一三六〇至一三六一年間精抄本爲底本的嘉靖年間再抄本文獻價值最大，此即反清門士吕留良舊藏本或浙江圖書館現藏本《克敵》，屬於《圖法》的正宗嫡系傳本，且每逢國家面臨内憂外患關頭都能派上用場。此本隨後一再被傳抄。但有的書商爲營利而在此抄本中將劉基原序删去，添加僞造的新序，將元末匿名作者説成是具名作者，且編造其離奇故事，給出新書名，儼然以新書面目出現，以此投入市場賺錢。

近七十年來中外研究者能看到的明清抄本火攻書不下十種，其中現存年代較早的是中國科學院自然科學史研究所收藏的《火龍神器陣法》。此抄本全一册，不分卷，爲一九五七年建所初期由中國科學院圖書館調撥的。此本中『玄』字不諱，多次出現『虜』，『虜騎』及『滅虜』等清代禁諱字樣，則當爲一六四四年清定鼎北京前的明代抄本。其年代雖早，却很少被近人注意、研究和引用。該書全書約一點五萬字，含三十二幅圖，其中二十九幅爲火器圖，繪圖粗放。正文以工楷，欠書法風範，錯别字、漏字比比皆是，但却用古體字及异體字數十，抄寫時間早於浙圖本《克敵》，抄畢未作校對，但它作爲嘉靖早期抄本當無疑問，可與其他諸本對校。鑒於它是當時唯一明抄火攻書，一九七九年筆者再抄一副本并校訂，作爲備份。

全書分三單元：（一）火龍神器總論。爲火攻總論，含火攻風候、火攻地制、火攻器制（火器分類）、火攻藥法（火藥燃燒理論）及火攻兵戒五節。注意：没有《火攻玄機歌》。（二）火龍神器陣法。分論各種火器所用材質、製造、構造、部件尺寸、裝藥量及火器性能等。仍按用途將火器分爲八大類。（三）火藥備用方。列出二十三種不同種類的火藥方。上述内容與《克敵》大同小异，插圖則完全相同，祇是因選抄一百五十六種火器中的二十九種，收六十一圖中的三十二圖，篇幅相應縮小，是爲《圖法》的摘抄本。第三單元火藥部分與《克敵》不同，加入一些明初以來的新數據。正文中很少有後人添寫内容，祇保留嘉靖初抄本火攻書中新增的佛郎機、鳥銃及發熕，其餘皆爲宋金元以來發展的火箭、銃炮、噴火槍、水雷、炸彈和子母炮等。

此本與《克敵》最大的不同是有《火龍神器陣法授受序》，序尾署『青田劉伯温氏手録』，無年欵。序中説，元順帝至正七年（一三四七）三月劉基在武夷山山洞從仙師止止道人受《火攻陣法》，佐明太祖朱元璋龍興江左，恐此書久而失傳，乃按圖著譜，纂輯成書以詔將來。將劉基從抄寫者説成受仙師傳授的作者。實際上他至正十二年（一三五二）在杭州任職時纔得到元朝本《圖法》，可見《授受序》所述與事實不符。至正七年（一三四七）他曾北上海寧、蘇州及金陵[一]，没去武夷山，也就不可能遇到止止道人。

按理説，向劉基傳授《火攻陣法》的道人應是漢人血統，但《授受序》却將其説成『黄冠玄服，碧眼蒼髯』，成了來歷不明的『歐羅巴漢學家』，居然成爲武夷山山洞中的神仙，豈非咄咄怪事！所謂神仙，本是道教用語，是道士幻想的一種超脱塵世、有神通變化、長生不死之人。東晋道家葛洪（二八四至三六四）《神仙傳》卷一對何謂仙人有明確界定：

仙人者，或竦身入雲，無翅而飛；或駕龍乘雲，上造天階。或化爲鳥獸，游浮青雲；或潛行江海，翱翔名山。或食元氣，或茹芝草；或出入人間而人不識，或隱其身而莫之見。面生异骨，體有奇毛。率好深僻，不交流俗[二]。

與此對比，便知止止道人不具備仙人特質，根本就不是神仙，因而本想宣稱劉基火攻書由仙人傳授，却失去依據。不管此道人是人還是仙，都是不存在於現實中的。《火龍神器陣法》忠實摘抄了元至正本《圖法》，使其繼續流傳，在新形勢下爲反清鬥争服務，起過積極作用。如將假序剔除，恢復用洪武三年劉基原序，此本仍不失爲現存

[一]（明）劉基：《誠意伯劉文成公集》卷十八，《四部叢刊》本，上海：商務印書館一九一九年影印本；參見周群：《劉基評傳》，第四十一頁。

[二]（晋）葛洪：《神仙傳》卷一，《增訂漢魏叢書》本，上海：大通書局一九一一年石印本。

較好的早期傳本之一。

五、焦玉序本不是《圖法》正宗傳本

劉基序本《火龍神器陣法》推出後，萬曆年間又出現同樣書名但有焦玉序的另一種抄本，年代較早者有北京圖書館（今國家圖書館前身）藏顧祖禹舊藏本，書首鈐『臣祖禹』篆文方形朱印。顧祖禹（一六三一至一六九二），字瑞五，無錫人，明末諸生，清初據應試出仕，專心寫作一百三十卷本《讀史方輿紀要》。

焦玉序中説，他在武夷山從仙師止止道人得《火攻陣法》後，按師法製火龍槍四十根，於至正十五年（一三五五）獻給朱元璋，助其成就帝業。為免此書失傳，乃按圖著譜。可見此序是從前述劉基序抄出來的，但序尾加寫焦玉一些官銜：

> 龍飛洪武十年（一三七七）春三月，誥封開國翊運宣武龍虎上護軍、平蠻副元帥、掌握神機火藥火器大都督。永樂五年（一四〇七）奉天徵討敕封平虜大將軍，統領馬步先鋒元帥。永樂十年（一四一二）春欽敕督製兩廣軍務，護國安邦忠誠武烈掛大元帥印，平苗大將軍、爵封東寧伯焦玉自序。

經過這番包裝，焦玉身價抬高。但在明人執筆的《皇明開國功臣傳》《皇明將略》及《明實録》中祇字未提此人，他却擁有比開國元勛徐達和常遇春（一三三〇至一三六九）兩位大將軍加在一起還要多的高級軍事頭銜，令人難以置信。此本雖與劉基序本同名，但不少火器不見於劉序本，如小竹將軍、大竹將軍、無敵萬全車等，它是將明後期諸書中火器及圖像聚在一起的資料彙編本。北圖藏道光二十年（一八四〇）常熟進士翁心存（一七九一至一八六二）陔華吟館抄《火龍神器陣法》，與顧祖禹舊藏本相同，從火藥史角度看學術意義不大。

引起現代學者最先注意的焦序本火攻書，不是《陣法》，而是出世更晚的所謂《火龍經》。其明抄本由趙士禎（約一五三三至一六一一）《神器譜》（一五九八）及焦勖（一五九八至一六四八）《火攻挈要》（一八四三）所引，但現所能看到的多是清抄本及清末刊本，如北圖藏咸豐五年（一八五五）南陽石室刊《火龍經全集》本。

焦玉序尾祇署「永樂十年（一四一二）東寧伯焦玉序」，删去原先一大堆令人生疑的虚構頭銜。換個方式抬舉此書，將其尊稱爲「經」，以此打開銷路。其實它不過是將《登壇必究》（一五九七）、《武備志》和《火龍神器陣法》等明末諸書中火器及插圖拼合而成的雜湊本。將其定為元末或明初，或稱之爲「經」，皆屬誇大其詞。

另一焦序本插圖火攻書是北京首都圖書館藏清咸豐三年（一八五三）刊《海外火攻神器圖説》，含十六幅圖。書名中「海外」不是國外，而指塵世之外的仙境，轉義爲仙授。此本也不是元代《火龍神器圖法》的正宗傳抄本，而是將不同書中火器摻雜在一起的編寫本，故弄玄虚説成是「仙傳」，實爲明末諸書所載者。焦序文與前述者同，但序尾題「永樂十年仲春吉日（農曆二月初一，一四一二年三月十三日）東寧焦玉序」。顯然「東寧」後漏掉一「伯」字，因其他焦序本火攻書均作東寧伯。但清人劉耀椿在《火龍經・跋》中對漏字進行開脱，并解釋説：

《〔海外〕火攻神器圖説》前有焦玉序，自雲得之仙傳，署其裏籍曰東寧。寧國元屬江東道，〔焦〕玉〔乃〕元人入明者，蓋爲寧國人。

劉氏將「東寧伯焦玉」説成「東寧人焦玉」，又將東寧人當成寧國人，使他成爲明太祖的鄉親，此推斷毫無根據，因寧國在宋代才屬江東路，元代屬江浙行省，東寧在元代屬遼陽行省，明代屬遼東都司。東寧在今遼寧，寧國在今皖南，兩地雖都有『寧』字，但相距一千二百二十五千米[一]。成東先生引劉耀椿《跋》後説：焦玉與寧國籍火器專家焦勖是同鄉並『有血緣關係』，而且是《火龍經》《火龍神器陣法》《海外火攻神器圖説》和《火龍神書》『四部書的作者』[二]，同樣是不可信的。在整個明代祇有英宗天順元年（一四五七）封遼寧廣寧出生的蒙古人焦禮（一三七九至一四六三）及其父把斯臺爲東寧伯，封地在遼陽行省東寧衛，子孫世襲[三]，族人中無焦玉，『東寧伯焦玉』實屬子虛烏有。

圍繞焦玉身世，疑雲重重。他既非東寧人，亦非寧國人。既非東寧伯，亦非神機營都督。更非掛大元帥印的平虜大將軍，也非朱元璋起義軍中的火器製造家和四部火攻書的作者。那麼他到底是何許人也？其實歷史上根本就没有這個人。焦玉及其仙師止止道人很像西方火藥史中的希臘人馬克（Marcus Graecus）或德國的施瓦茨（Berthold Schwartz）式的人物，是好事者捏造出來的，理應從嚴肅的科學史領域中清除出去，不能再任其繼續愚弄讀者了。

六、撇開元抄火攻書不能正確認識早期火器

十四世紀是繼承宋、金火器技術的元代向明代過渡的轉型期，研究該時期火器技術有重要意義，反映該時期火器實態的元至正年火攻書《火龍神器圖法》及其劉基抄本應是必須引用的權威原始文獻。歐洲最早的火攻書出現於十五世紀初，但技術水平難與《圖法》相比。歷史經驗表明，探討十三至十四世紀中國傳統火器技術，如果撇開元

(一) 參見《宋史》卷八十八《地理志》，《元史》卷六十一《地理志》及《明史》卷四十一《地理志》。
(二) 成東：《焦玉的真實身份》，《中國科技史料》，一九八四，五（一）：七四至七八。
(三) 《明史》，二十五史本第一〇册，上海：上海古籍出版社一九八六年版，卷一五六《焦禮傳》，第八二八〇頁；卷一〇七《功臣世系表》，第八一一〇頁。

至正本《圖法》及其傳抄本《克敵》，而祇是依靠明末焦玉序本火攻書，就不可能得出正確認識，必然出錯。

一九九九年鍾少异先生著文[一]，點名批評了七位中外研究者在一九八〇年前所犯的錯誤，却没有反省其本人近在一九九〇年還犯同樣錯誤：將《火龍經》當成焦玉在明初永樂十年（一四一二）寫的著作[二]。他還認爲焦序本中的一些明後期『開始出現的名物』皆源自歐洲，東漸後出現於明中葉，故此前中國傳統火器中没有這些名物。照此説法，本屬中國的一些火器技術的發明權，應拱手讓給歐洲。茲事體大，需要辨明，並弄清是非究竟。

（一）鍾文斷言：中國古代傳統銃炮均射出石彈和鐵彈，而無鉛彈。發射鉛彈的西方火繩槍或鳥銃於明中葉傳入後，『鉛彈』『鉛子』之名纔産生於中國（鍾文第一五一頁）。這顯然以焦序本火攻書爲立論依據，但事實上此前二百年中國傳統射擊火器一直是石彈、鐵彈和鉛彈兼而用之。火繩槍在西方出現於十五世紀[三]，但十四世紀中國早已使用鉛彈了，如《克敵》卷四載百子連珠炮『藏鉛彈一百枚，連珠發去』（第四十八頁），此白紙黑字不容否定。

（二）鍾文斷言：中國古代傳統銃炮皆用銅或生鐵鑄造發射管，嘉靖年仿製西方火繩槍時，熟鐵打造銃管纔在中國興起（鍾文第一五二頁）。事實上中國古代傳統銃炮通常是以銅或生鐵鑄造與以熟鐵打造并舉的工藝模式製造出來的。口徑較大，銃管較長（七十一尺）的銃筒用銅或生鐵鑄造，口徑較小、尺寸較短的銃筒用熟鐵打造。《克敵》中至少有九種銃炮用熟鐵打造，如卷八載破城炮『用鐵匠打造鐵炮，管長八寸、徑二寸（第四十一頁）。』因此説嘉靖年仿製西方火繩槍後，中國纔興起熟鐵打造銃筒，是大錯特錯的。

（一）鍾少异：《關於焦玉火攻書的年代》，《自然科學史研究》，一九九九，一八（二）：一四七至一五七。
（二）鍾少异，成東編著：《中國古代兵器圖集》，北京：解放軍出版社一九九〇年版，第二二九頁。
（三）Hogg, Ian V. *An illustrated history of firearms.* New York , 1980, p.10.

（三）鍾文還斷言：有子銃、母銃結構的火器源於西方佛郎機，傳入中國後『子銃』『母銃』之名纔産生於嘉靖年間，此前中國没有這些名物（鍾文第一五一頁）。事實上以子銃、母銃結構原理製造的銃炮至遲在十四世紀元代中國已用於實戰。有兩種類型，一是從母炮射出含炸藥的鐵鑄子炮内藏毒霧神烟，『由母炮發藥送出』。西方這類含炸藥的彈丸從一五八八年才使用[一]，晚於中國兩百多年。

第二種類型是將若干枚（五枚）事先裝有發射藥和鉛彈的子銃（又稱提心或提心子銃）放入母銃銃筒後部的空槽中，點燃提心引綫後發出鉛彈，再將另一提

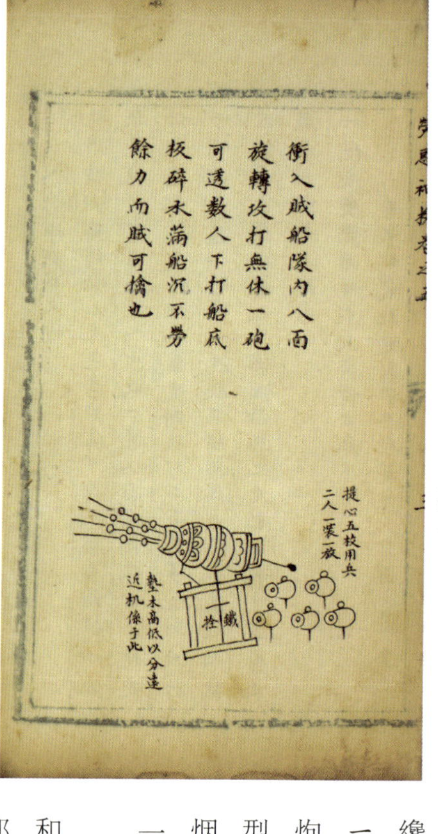

圖四：八面神威風火炮（從母銃銃筒中發出内含發射藥和鉛彈的提心子銃的子母銃），見卷五

心放空槽中點放，可實現後膛裝子母銃五聯發。《克敵》卷五載八面神威風火炮（圖四）炮筒銅鑄，另鑄提心子銃五枚，用兵二人，一裝一放。『提心』一詞初見於西漢的《禮記·少儀》，元朝人借用此詞以指含發藥及鉛彈的可拆離或重裝於炮筒中的子銃。佛郎機結構原理與中國元代子母銃極其相似，故嘉靖時人認爲『中國原有此制，不出於佛郎機』，語見《武備志》卷一二二所引。元代使用子母銃時，佛郎機尚未在歐洲問世。所謂佛郎機傳入後中國才有子銃、母銃之名或『此提心之法本於佛郎機』，乃無稽之談。

鍾文談元代火器時詳細利用焦玉序本火攻書各種版本，唯獨没有查閱中科院科學史所藏明抄本劉基序本《火龍

（一） Everhart van Reyd. *Belgarum alicrumque*, tr. D Voss. Leyden, 1633, bk. 8, p.182; J. R. Partington, *op. cit*, p.166.

神器陣法》及浙江圖書館藏《克敵》，不能不説是個重大的疏漏，這是使他判斷明以前中國傳統火器時一再失誤的直接原因，中外研究者都應引以爲戒。

通過對《克敵》的探究，先前失傳的中國元代火攻書《圖法》全貌重顯於世，爲研究十三至十四世紀中國火藥火器技術提供可靠史料和數據。鑒於此書爲海内外孤本，難得一見，我們曾籲請刊行。幸有上海遠東出版社與浙江圖書館達成共識，同意出版此書。除影印原著外，還做了點校，由本所張明悟博士承擔點校工作。中國和世界火器史必因此書出版和研究而再次改寫，使人們眼界大開。是爲序。

潘吉星

二〇一五年六月於北京

Explanation of photo-offset copy of the hand-copied work on fire-attack entitled Kedi wulue yinghuo shenji or Mititary strategy conquering the enemies and migical gunpowder weapons used in fire attack in 16th century China .

The Huolong shenqi tufa 《火龍神器圖法》or *illustrated manual on magical fire-dragon weapons or gunpowder weapons written by an anonymous author in the late Yuan succeeded the wu jingle zong yao* 《武經總要》or *Essentials of military classics in the past and military techniques in current dynasty* (1044) of the Northern Song i a second comprehensire and illustrated work on fire-attack in China. This work summed up the technical result of gunpowder and firearms obtained in the Southern Song, the Jin and the Yuan dynasties (1127-1350), and laid a foundation of the development of gunpowder and firearms technology in the Ming and Qing.

However, this work was lost in the past for a long time,thus some busybodies of the Ming and early Qing (17th century) wrongly regarded its derivative copies, such as the *Huolong shenqi zhen fa*《火龍神器陣法》or *manual on military formation using magical fire-dragon weapons or gunpowder weapons*, and others as the original work written by Liu Ji 劉基 or Jiao Yu 焦玉 between the Yuan and Ming, and fabricated Liu-Jiao's preface and the story that it was handed down to them by an immortal in a cave of Wu-yi Shan Mt. 武夷山. Therefore, they led the readers' understanding onto a wrong path .

Recently we restudied the date and place of writing the *Huolong shenqi tufa* and its contents as well as the spread and influence of its derivative copies in the Ming and Qing according to the reliable records of the 16th century hand-written copy, the *Kedi wulue yinghuo shenji*《克敵武略熒惑神機》or the *Military strategy conquering the enemies and magical gunpowder weapons for fire-attack* which was found in 1978.It should be pointed out that the whole features of the lost fire-attack book of the Yuan can be emerged before our eyes by means of the newly found hand-written copy,i.e.the Kedi. It is an authoritative original source for research in the history of firearms of 13-14th century China ,and the history of firearms in China and the world should be rewritten again .So it is worthy to publish this book in the form of photo-offset copy by Shanghai Far East Publishers.

Pan Jixing

(Institute for the History of Natural ,Science ,Chinese Academy of Sciences, Beijing)

2015.6

目録

元青田劉基字伯温據元至正年插圖本《火龍神器圖法》精抄

明洪武三年歲次庚戌八月十五日劉基作序并更書名

明中葉以劉基舊抄本爲底本重新精抄　啓用新書名

尅敵武畧熒惑神機

明遺民崇德吕留良晚村舊藏・現浙江省圖書館庋藏

克敵武略熒惑（熒惑：古代火星之稱，代表火攻。）神機序

攻之策，是不一途，以智以力，以詐以間，以水以火。而數者之中，火甚不可輕用。紀傳所載，惟見田將軍（田將軍：戰國時期齊國將軍田單，齊國危亡之際，田單堅守即墨，以火牛陣擊破燕軍，收復七十餘城，因功封安平君。）用之，復齊七十餘城。後則諸葛武侯用之，爲博望、新野藤甲、木栅之燒而已，然猶曰：余必減算（算：『算』亦作『筭』，壽命。《三國演義》九十回：『孔明垂淚而嘆曰：「吾雖有功於社稷，勿必損壽矣！」』）甚哉，火之不可輕用也。

高皇帝（高皇帝：即明太祖朱元璋。）提三尺劍奮迹淮泗，〔平寇滅虜〕（平寇滅虜：原文被塗掉，應爲清人所爲。），所至束手請降，開門迎接。余舊得是書，即帷幄間未得一一罄試，然不敢不熟諳胸中，兼以精謄（謄：抄寫。）謹隨行橐者。蓋覽兵家聲不過五，五聲之變不可勝窮等説（《孫子兵法·兵勢第五》：『聲不過五，五聲之變，不可勝聽也；色不過五，五色之變，不可勝觀也；味不過五，五味之變，不可勝嘗也；戰勢不過奇正，奇正之變，不可勝窮也。奇正相生，如循環之無端，孰能窮之哉！』），始悟五聲甚而後成聲，缺一不可爲聲也。五色俱而後成色，缺一不可爲色也。五味具而後成味，缺一不可爲味也。奇正具而後成兵，缺一不可爲兵也。然則戰其正乎，攻其奇乎？力其攻之正乎，智其攻之奇乎？詐間水火，其攻之奇而又奇者乎？倘余弃之而不爲間習，是欲缺一以成聲、成色、成味矣。寧不爲天下之頑聲、廢色，與不可嘗之味哉！矧（矧：音沈，况且。）鋒鏑（鋒鏑：刀刃和箭頭，泛指兵器，也喻戰爭。）之事，貴在萬全，藉如厭火攻之慘而不諳焉，一時强敵當前，勢不並立，其何以製勝而奏攻也？但孫武《兵法》既載火攻於終，兼以武侯有減算之言，惟是事出難措，不得已而用之。則余與得余是書者，所共當究心也。

時洪武三年（一三七〇）歲次庚戌八月望日青田劉基〔劉基（一三一一—一三七五）：字伯温，浙江青田（今屬浙江文成）人，故稱劉青田，元末明初的軍事家、政治家、文學家。〕撰。

尅敵武畧熒惑神機序

攻之策是不一途以智以力以詐以間以木以火而數者之中火甚不可輕用紀傳所載惟見田將軍用之復齊七十餘城後則諸葛武侯用之為博望新野藤甲木柵之燒而已然猶曰餘必減筭甚哉火之不可輕用也

高皇帝提三尺劍奮迹淮泗所至束手請降開門迎接余舊得是書即帷幄間未得一一鑿試然不敢不熟諳胸中冀以精謄謹隨行槖者蓋覧兵家聲不過五五聲之變不可勝窮等說始悟五聲甚而後成聲缺一不可為聲也五色淺具而成色缺一不可為色也五

味具而後成味缺一不可為味也奇正具而後成兵缺一不可為兵也然則戰其正乎攻其奇乎力其攻之正乎智其攻之奇乎詐間水火其攻之奇而又奇者乎倘餘棄之而不為間習是欲缺一以成聲成色成味矣寧不為天下之頑聾廢色與不可嘗之味哉矧鋒鏑之事貴在萬全藉如猷火攻之慘而不諳焉一時強敵當前勢不並立其何以制勝而奏功也但孫武兵法既載火攻於終篇以武侯有滅莫之言惟是事出難措不得已而用之則餘與得餘是書者所共當究心也

時

洪武三年歲次庚戌八月望日青田劉基撰

克敵武略熒惑神機目録

一卷

火攻風候　火攻地利　火攻器制　火攻藥法　火攻兵戒　五火玄機歌

二卷　衝陣火器

木人火馬天雷炮　火龍捲地飛車　火獸　流車槍　神機萬全帳幕車　自去炮　如意車　車輪戰　赫馬獸

三卷　遠攻火器

鑽風神火流星炮　九矢攢心神毒火雷銃　八面旋風吐霧轟雷炮　無敵一窩蜂火龍　單飛神火箭　大火箭　二虎追羊　七星箭　小一窩蜂　錢蜂箭　流星炮　返復火槍　交鋒棄馬　衆犬搏兔　猛虎離山槍　日落星隨炮　飛空神砂　自傷炮　天火球　灰焰爆

四卷　近攻火器

步戰獨輪車　神機方戟　防牌藏器車　子母百彈銃　神竹破陣猛火刀牌　神陣火葫蘆　倒馬火蛇神棍　百矢火箭　毒火迷魂神砂火箭　無敵藏身火牌　飛天神火毒龍槍　神機萬勝火龍刀　毒火神磚　七軍槍　神火毒龍罩箭　諸葛箭箱　火罐　滿地飛火球　翼虎槍　逐人槍　打車炮　鐵屋　打神槍　三虎槍　噴槍一把連　火車　百鷹獲兔　百虎齊奔　連珠神槍　平地撥打車　竹璧迎槍　借箭簾草　龍噴珠　飛礮炮

九卷　防守火器

十卷　火器藥品

尅敵武畧熒惑神機目録

如意車　　車輪戰

赫馬獸

三卷　遠攻火器

鑽風神火流星砲　　九矢攢心神毒火雷銃

八面旋風吐霧轟雷砲　　無敵一窩蜂火籠

單飛神火箭　　大火箭

二虎追羊　　七星箭

小一窩蜂　　錢蜂箭

流星砲　　迅復火鎗

四卷　近攻火器

毒火迷䰟神砂火箭　無敵藏身火牌
飛天神火毒龍鎗　神機萬勝火龍刀
毒火神磚　七軍鎗
神火毒龍单箭　諸葛箭箱
火鏟　滿地飛火毬
翼虎鎗　逐人鎗
打車砲　鐵屋
打神鎗　三虎鎗
噴鎗一把連　火車

八面神威風火砲　火龍猷神毬

水底龍王砲　飛天噴筒神火焚舟

赤龍焚舟　海鶻泛舟

水裹藏火焚舟　四十九矢飛䕫箭

翻江海混飛波神甲　飛空滑水神油

飛空砂　凈江龍

水中雷　陰陽鑽

金鎖匙　火龍砲

水葫蘆　盤旋火鎗

六卷　埋伏火器

無敵地雷火砲　　隔河神捷火陣

太極神銃　　神武黙機火箱

渡水神機砲　　轟雷砲

穿山破地火雷砲　　五雷轟山

自犯伏弩火砲　　神機滅寇

製機橋火砲　　製倚山鑿石火砲

連珠弩　　騰蛟弩

自立營

九巻　防守火器

神火萬全鐵圍營法　鐵汁神車

神仙自發排人銃　天兵拒敵神牌

萬火飛砂尾砲　爛骨神油火砲

虎尾砲　火車

萬勝神火屏風　百子連珠砲

空营舉火法　毒藥烟毬

鐵嘴火鷂　一母十四子砲

[illegible]拔砲　火龍口

逆風火藥方　神奇法藥

天火毬內取藥天硫方　合自然火藥方

造千子雷藥方　藥毬方 滅馬霞內用

見血封喉藥方　三火合一藥方

毒烟法　木中種毒法

狼烟法 與前毒烟法同　收毒藥方

解製藥人毒法　取竹中清法

解毒藥方　火種方 又方

袖中火　製長生火法

流星藥方　朝天銃藥方

鐵石榴藥方　製鳥銃藥方

製焰硝法　製硫黄法

製柳炭法　破火銃陣法

火器總要

火攻風候

火攻之法，以風爲勢。風猛則火烈，火熾則風生，風火相搏，斯能取勝。故爲將者當知風候，以月行之度準之，月行於箕（箕：二十八宿之一，東方第七宿。箕宿好風，一旦特别明亮就是起風的預兆。）、軫（軫：二十八宿之一，屬火，爲蛇。爲南方第六宿。）四星。箕在天十度半，軫在天十七度，張在天十七度，翼在天十八度，則不出三日必定有大風，數日方止。仰觀星宿，光摇不定，亦不出三日必有大風，終日而止。黑雲夜蔽斗口，風雨交作，雲自北方起者，風必大；黑雲飛塞天河，大風數日。雲如猪形者，名天豕渡河。月暈而青色數圍，主風無雨。青主風，黑主雨。日没黑雲相接，來朝風作。風來十里，揚塵動葉；風來百里，飛砂飄瓦；風來千里，能走石；風來萬里，力能拔木。如天之時而善用之，斯萬戰而萬勝矣。

火攻地利

火攻之法，上順天時，下因地利。曠野平原，遠擊者勝，用遠器擊之，先摧其鋒；叢林隘道，夾擊者勝，用利器夾擊，則首尾不顧；漫坡盤谷，埋擊者勝，先埋神器，俟賊入套而發；長江大河，近擊者勝，用法器順風迎面而擊之。憑高擊下，其勢順，用重器猛火以壓之。如山上、城上等地，以地勢爲重。以下擊上，其勢逆，用銃器烈火以噴之。如山下、城下等地，以風勢爲重。彼此皆有火器，卒然而遇，不及成陣，其勢易亂，用遠器先擊者勝。彼此俱用火攻，陣成而戰，未免俱傷，故用遠器而先擊必勝。彼此皆紮營寨，欲劫輜糧，先觀伏路，其勢易疑，用號器四擊者勝。

乘風高月黑之夜，先觀伏路，埋伏精兵，勝則掩殺，敗則應援。使細作入營舉火，四面用炮石攻之，各以號炮（炮：原文作『頭』，後塗改爲『炮』。）爲約，號響則火發，火一發則兵起四擊者，使賊不敢出而内自相殺。故曰四擊者勝。

城中擊外，當攻其堅。擇堅處用神器攻之，其堅處一破，則圍自解。城外擊内，當攻其瑕（瑕：空隙。漏洞，可乘之機。）。擇瑕處，用神器攻之，其瑕一開，乘機而入。水戰必先上風。火隨風勢，風順則火易烈。故先上風，用利器於烟障。先用法火、烟藥障塞江中，撲賊眼目，使賊不見一物，一計不能施也。蓬帆必以藥製，使不沾染火烟。水戰與陸戰不同，四面波濤，退無奔路。用法藥製造。蓬帆不沾火藥，則萬保無虞矣。此水戰之上策也。苟不辨地利而用之，不得其宜，未有不捨器而走，徒資寇敵也。

火攻器制

火攻之法有戰器，有埋器，有攻器，有守器，有陸器，有水器，種種不同。用之合宜，無有不勝。其戰器利用輕捷，則兵不疲力，而銃氣當充，輕捷則利於擊刺，兵可守持。其攻器利於機巧，則兵可奮勇，而移動不常，機巧則便於攻打，兵可移連。其埋器利於爆擊，易碎，火烈而烟猛。用辰砂（辰砂：即朱砂，是硫化汞HgS的天然礦石，大紅色，有金剛光澤至金屬光澤。）、水銀、麻子油和神火藥藏於炮中，則爆如豆粒，擊賊透骨，傷賊甚衆。其守器利於遠擊，齊飛火長而氣毒。用荳末、砒霜、神砂（神砂：一種用毒藥炮製的砂子。）和飛火藥藏於炮中以發之，賊受其毒，立時而斃。其陸器利於遠近，長短相間，分番疊出，各爲陣號。某陣某將聞某號而出，某陣某將聞某號而入，則兵力不疲於戰。火炮、火箭、火銃、火彈，此遠器長器也，則與長槍、大刀相間，槍刀用以交鋒。火槍、火刀、火牌、火棍，此近器、短器也，則與强弓、硬弩相間，弓弩用以拒陣。選以精兵，練以陣法、利器、精兵、陣法，三者不可缺一。有所缺，皆非萬全。器貴利，而不貴重。兵貴精，而不貴多。將貴謀，而不貴勇。良將一員，大兵三千，足抵强兵四十萬，可以無敵於天下矣。

若水戰之具，與陸戰之具不同。衝鋒則主於迎頭直擊，如發礦狼機（發礦狼機：即『發 』，狼機即佛郎機，葡萄牙火炮，明正德年間傳入中國。）是也；掩襲則主於截中夾擊，如神槍、火銃是也；亂陣則主於燒染蓬帆，如火箭、火球是也；殿後則主於多設矢石，如火炮、神弩是也。將得其人，而隨機以應之，則無不勝者矣。

火攻藥法

火攻之藥，硝、硫爲之君，木灰（木灰：即木炭。）爲之臣，諸毒藥爲之佐，諸氣藥爲之使。然必知藥性之宜，斯得火攻之妙。硝性主直，直發者以硝爲主；硫性主橫，橫發者以硫爲主；灰性主火，火各不同。以灰爲主，有箬（箬：一種竹子，葉大而寬，可編竹笠和包粽子。）灰（灰：用各種植物如箬竹葉、柳木、杉木而製成的各種炭粉，全文皆作『灰』。）、柳灰、杉木灰、樺灰、葫蘆灰之异。性直者主遠擊，硝九而硫一；性橫者主爆擊，硝七而硫三。青楊爲灰，其性最銃（銃：通『衝』。）；枯杉爲灰，其性尤緩；箬葉爲灰，其性尤燥。

雄黃氣高而火焰，神火（神火：一種特製的毒火藥，配比見後文。）以雄黃爲君。石黃（石黃：雌黃，主要成分爲As_2S_3，晶體屬單斜晶系的硫化物礦物。）氣猛而火烈，法火（法火：一種特製的火藥，配比見後文。）以石黃爲君。砒黃（砒黃：原名「砒石」，始載於宋《開寶草本》。爲天然的砷華礦石，其加工製品爲砒霜。）氣臭而火毒，毒火（毒火：一種特製的火藥。）以砒爲君。金汁（金汁：由人糞便加工而製成的一種溶液。）、銀銹（銀銹：提煉銀礦石時遺留在坩堝底的銅、鉛質渣滓。）、硇砂（硇砂：爲滷化物類礦物硇砂的晶體，主要含氯化銨NH_4Cl。分紫硇砂和白硇砂兩種。）炒製鐵子、磁鋒（磁鋒：碎瓷片。），着人則頃爛見骨，爛火藥內用之。牙皂（牙皂：即猪牙皂。是豆科植物皂莢植株受傷後所結的小型果實，彎曲成月牙形。）、姜霜（姜霜：生姜粉。）、椒末（椒末：花椒粉。）配合飛砂神霧，着人立瞎雙睛，飛火藥內用之。草烏（草烏：草烏頭，一種藥用植物，含烏頭碱等生物碱，多數種類的塊根有劇毒，民間常用來製造箭毒以獵射野獸。）、巴豆霜（巴豆霜：用中藥巴豆炮製而成，呈粉末狀，有大毒。）、雷藤（雷藤：又叫黃騰、黃臘藤、菜蟲藥、紅藥、水莽草，爲衛矛科、雷公藤屬植物雷公藤的根，藤本灌木，主産於福建、浙江、安徽、河南等地。有劇毒。）少加水馬（水馬：即水馬桑，又名毒空火、水馬桑、鴨食木、鷄瘟柴等，爲忍冬科植物，生長於山坡或山溝中。我國南方各省多見。果實有劇毒。）。虎藥中人，飲冷水即解。加水馬則見水愈急。

熬煎藥矢龍槍，着人則見血封喉，火箭、火槍上用之，賊中立斃。江子（江子：即中藥巴豆的別稱。）、常山（常山：即中藥常山，屬虎耳草科，常山屬植物，有毒。）、半夏（半夏：即中半夏，又名地文、守田等，屬天南星目，有神經毒性。）略和川烏（川烏：即四川所産的中藥烏頭，爲烏頭毛莨科，烏頭屬，有劇毒。），製造噴筒藥罐，着人則禁唇不言，噴火藥內用之。桐油、荳粉、松香，用利焚糧劫寨，偷劫火藥內用之。人精（人精：人的精液。）、鐵汁、巴豆，用破革車皮帳（革車皮帳：一種攻城的器械。）。革車皮帳攻城用此，熔化燒沸，傾注城下，洞透重革。狼糞烟晝黑夜紅，遞傳警報。江豚灰（江豚灰：用江豚骨頭燒成的灰。）逆風愈勁，力顯神奇。凡火藥順風則發，逆風則不可用，加江豚灰配合諸藥，風愈逆而火愈熾矣。他如猛火油（猛火油：即石油。），得水愈熾，可燒濕物出占城國（占城國：越南中南部的古國。）。九尾魚脂見風漫爆，無可遮攔，固皆難得之物，而爲將者不可以不知也出娑羅國（娑羅國：南洋島國，一般認爲在今印度尼西亞蘇門答臘島北部。）。

火攻兵戒

火攻之法，用無不勝，勢莫能當，固不可輕用，亦不可妄用也。且兵家之要，上順天時，下得地利，中應人和，三才之道備。而爲將者又能知己知彼，以仁爲心法，以義爲軍聲，以明爲賞罰，以信爲紀律。因時而制宜，設奇而料敵。

凡遇古先帝王陵寢、聖賢祠宇、都邑群屋、里巷輻輳，用火攻之，則非崇道之意，仁民之心，戒之一也。前阻茂林，進無所據，後背水澤，退無奔路，逼己營寨，軍陣未列，凡遇此地，用火攻之，恐連焚及己也，戒之二也。風候未定，地利未得，反風滅火，禍莫大焉，火攻之法，先據地險，次候風信，戒之三也。彼兵半欲歸降，未得其間，乘風縱火，玉石俱焚，戒之四也。內有驍智之將，圖爲己用，必設計以生擒，戒之五也。彼兵已降，心疑其叛，從而坑之，以失士心，如白起坑秦卒，不仁莫甚焉，戒之六也。喪敗之賊，擄掠吾民以張其勢，必思奇策拔脱民命，不脱其民而遽用火攻之，謂之不智不仁，戒之七也。萌甲方長，鱗蟲始振，赤地焚燒，傷生甚衆，以損仁德，戒之八也。遵此八戒者，而雲飛鳥集，鬼神莫測其機；電掣雷轟，造化莫窮其妙。上爲天子安邦定國，下爲黎民滅寇平夷，礪山帶河，封侯拜將，著勛烈於廟廊，垂功名於竹帛，豈止萬人敵而已哉？將與諸葛孔明匹休而並譽也。

五火玄機歌

用兵之事，國之大。兵者，國之大事，不得已而用之。平〔夷〕滅寇清疆界，出師用此術於行伍之中，滅其强〔虜〕，清其疆土。捧轂推輪任大材。出告廟授鉞受君命，閫外君命不受誡。將受命師之日，王者告於太廟，授鉞於師，推其輪而送之，謂之捧轂推輪。苟非其人，神器敗，舉非其人，則朝廷神器挫敗也。於君，君命有所不受。延攬英雄豪傑才，主帥將其軍於閫外，須延訪英雄豪傑之士以爲佐，雖一材一技之輩亦堪於軍門之用。林下遺才優禮待。林泉閑佚之流，擅識天文地理，中知人情，諳曉韜略，鬼神莫測，轉凶爲吉，變异爲祥者，以優禮待之，則四方賢士望風而來矣。奇遇异士談火攻，有奇异之士來言火攻百戰百勝之術。須臾說出鬼神驚。百戰百勝理其中，百戰百尅之略已俱火攻。烽燧防守講一宗。立烽臺以報聲息，講爲首務，故先之。荔枝神炮火龍飛，墩臺擲下賊殘軀。前一件火藥置於臺上以備〔虜〕賊掘其基，則晝夜不能報傳，用火點此擲下，燒擊其賊。風塵炮可迷人眼，喘息難伸賊碎膽。火灰製過，臺上擲下，炮響瓶破，灰揚迷目，賊人喘息不能伸也。重地固守理須聞，守虞式法任才能。我師深入敵境，設伏於隘口關渡之所，用此守虞塞源之術，一夫當關，萬夫莫過者，須伏此神器於地以禦敵衝，必須委任才能之人以守之。地雷火炮如有神，理趨玄妙非輕論。地雷火炮，用之如有神鬼不測之機。雲樓攻擊高下中，採木捆造虎頭蓬。採木製造虎頭蓬子，可攻高山，又平地亦可窺視賊城中之虚實，故有高下中之殊。責限百刻雲樓成，攻高望遠窺賊城。欲攻彼高下之所，須責限一日夜而成雲樓，可攻可守，窺視賊城内之虚實。山險固守敵難通，一母十四子炮停，與敵分界之所，依山附險，用此火炮等物固守要道以禦之。禦敵伏茲方寸靈。備賊之法欲多籌算，在茲方寸靈臺之間。翼虎山上向下衝，破屋穿堵騰蛟龍。用此翼虎槍山上向下射之，雖墻屋不能抵當，如飛騰龍蛟之勇。逐陣槍去一團火，念餘暗箭難防躲。設立營寨於山坡之上，有敵從下攻來，用此自上燃火着信，自上滾下，不勞人力而破之，中有火箭二十餘矢，左右射賊突圍開路。細作撓佚勢□□，打陣破損敵益我。設使敵賊安佚，以細作用此炮，以令彼之勞，此炮打去到彼，復有炮於彼處傷人驚馬惑衆。故損敵益我，敵若疑惑，乘亂而取之。火獸玄奥返田單，猖獗潰敗横屍〔妥〕野。火獸與田單火牛相返，故曰返單田，攻其賊之閑佚。火獸一縱，其勢猖獗，横屍遍野。密謀陰計火裝囊，臨敵威如虎啖羊。其機甚速，其計甚密，一臨敵營，其勢猖狂如虎啖羊矣。細作劫營理悠長，『夜不收』用後三具火器，竊負敵營，積火潛出，外以兵應之，亂則致勝。醉仙球法火猖狂，掃蕩嚴令威風霜，細作負此球，奮火劫營，潛身出營，良久火勢猖狂。彼之首雖有號令，如風之速，如霜之嚴，亦惑亂矣。旋風炮捲金蛇長，久之炮鳴寇膽亡。劫營之法亦如前理，其勢盤旋如金蛇閃爍光輝，少頃有炮振於後，致賊喪膽，戎馬驚馳。旋風狼牙炮條項：烈焰盤旋聲響亮，炮腹飛燕連珠撞，尾帶鋼針刺馬蹄，塗毒蜂蠆□馬疲。『條項』二字有三等之分，首旋風烈焰環撞，次炮鳴驚駭人馬，終炮腹有飛燕子二十餘隻，尾帶鋼針頭有毒藥，凡一刺馬足，則有蜂蠆之毒，我傷疲馬。一物有三等之用，故曰條項。火中自殺玄中妙，不測破營自殺炮。使其敵人自殺，玄妙莫測。不用人畜飛禽等類，能使賊營有炮鳴三聲，加之應兵於外，無不相尅賊，玄微莫測也。斧鉞加身不傳教，攻戎炮式先賢導。此炮受於前賢，後人述之。能行自走流車槍，無羽無足勝飛翔。流車恃藥之力使其自走，無翅無足，其行如飛，勝箭似飛蝗。臨□百矢如飛蝗，左右高下叙低昂。茲車臨敵，每車百箭出，如飛蝗趨向其左、右、上、下，次序出，分別上、下、左、右、高、低也。平陸攻戰千萬法，一計應麾羡賢達。交鋒對敵於平原，非策略不能取勝，奇策應於指麾之下，而獲勝無不稱羡之矣。行營內隱火器兵，晝用攻戰昏駐紮。內藏火器之兵，日間用攻戰之具，夜作駐紮。帳幕車中有八强，恣行沙塞剿寇梁。此車中有八强，故恣意横行□□之地剿除賊寇。萬全車中載勁兵，神箭神弩如雲奔。車中載勇悍之兵，調用神器大弩，有如風行電速。上八神功下八衝，火器一縱雷霆轟。上層有八衝，下層有八强，縱放火器如雷霆之迅速。箭發如椽射太華。其箭如屋椽，可達太華之峰，美其高遠。飛石鐵彈風飄花。車內有飛石鐵彈，卒遇交鋒之際，如猛風飄花之多。長槍鐵騎跳蕩馬，周行黃□度墉沙。鐵人鐵騎牌兒馬，長槍短劍護持爲爪牙，則南北横行於□□之地。山險攻戰歷崎嶇，磊木滾石謹防之。登高涉險，崎嶇之道，攻戰謹防磊木滾石之傷。製造鐵屋明柔濟，下藏勇悍樂死士。鐵屋之製有剛柔相配，內藏勇悍之士、樂死之兵，以攻山上之栅寨。靈臺湛然水澄清，全仗火器摧前鋒。靈臺者心也，澄澈如水之湛然，運籌決勝，仗此火器以摧挫其先鋒。二虎追羊火力攻，虎如羽翼飛虛空。火勢猛勇如二虎，倍加翼飛其虛空。一舉七矢七筒箭，先鋒□□俱射遍。一舉火七矢齊起發，敵之先鋒□□俱被火矢射傷。二百步內馬步傷，藥鏃見血刻下亡。箭發三百餘步，鏃有見血封喉之藥，人若中箭，刻下即亡，難行三步之遠也。步下攻戰神槍箭，千軍萬馬須熟練。神槍火箭，千人萬人，須要熟練。抽添曲折與循環，縱横去就余詳驗。曲折縱横之理熟練於心間，故云驗也。三隻虎擅擒□□，一舉火發三矢端。一舉火發，三矢齊行，易於中人。小窩蜂助長矛强，槍長丈二凝冰霜。小一窩蜂堪助長矛之强，矛之長一丈二尺。烈火藥焰四十尺，五丈大勢賊瞑目。火焰長四丈，槍長一丈二尺，共得五丈餘火勢，交鋒之際，賊人不能睁目喘息。鐵石火子群蜂飛，走陣收功期取則。鐵石火彈子等物，如群蜂交飛，不能睁目，可收全功。此器步戰可取則焉。馬上攻戰辯才智，横衝直撞知膽氣。馬上攻戰勇敢，才智以辨其膽氣也。鐵蜂小器有大權，馬上隨身任所自。鐵蜂器小，有透甲之功，便於馬上懸帶。流星炮去鷹奮揚，鋼鏃透函驚炮忙。函甲也。鋼鏃透甲，炮鳴驚馬。返復火槍插翅虎，中物迴燔夷虜苦。火器所中之虎，有迴火焚燒輜蓄積聚。馬步夜戰多火鼓，交鋒棄馬燒騎□。《孫子》曰：晝戰多旌旗，夜戰多火鼓，此器善能射人，復能焚燒。衆火搏兔多驚疑，駭馬奔馳難料知。製造如前，有四筒，落地躍跳驚人馬，與前加倍也。開關捩於藥筒，滿地躍跳，驚燒人馬，故曰交鋒棄馬。雷吼噴槍一把連，短箭火彈石子觸。噴火之聲勢若雷吼、短箭、火彈、石子、鐵菱、火藥噴出，則人馬難於攻戰，此器利於近戰。

萬騎攻來營預安，排兵猛放火離山。透虎穿牛不輕恕，神槍三虎歌別註。邊城舉大勢，人馬攻來，我師擺開隊伍，放此猛虎離山槍，射之猛如神槍之力，故得透虎穿牛之說。猛虎之槍歌亦是。打放神槍之法，全在變轉無滯，周旋不竭，神槍三隻虎、猛虎離山槍三件歌，括另註於本條之下。五雷轟山獲散騎，一舉火五炮齊發，易獲散亂步騎。月落星隨炮略具。此炮一發，大炮石後隨鐵彈子三升，故有是名。貔貅驍勇八合攻，麾指□□駭骨碎。戎虜八合攻來麾指之處，□□骸骨碎如齏粉。捕獲散騎策應前，擋衝不住火車類。火車之類，策應其前，萬衆攻來，用之無不獲勝，亦可捕獲散騎也。百鷹搏兔齊騰翔，七七矢破魚貫行。魚貫雁行，衆整之貌，百鷹之名用之，有四十九矢齊發。敵有魚貫雁行之衆整而來攻此，易於斂衆破之。百虎齊發百矢箭，輕車内載兵曾練。輕車舉火轉動，則百箭左右傷人，須用曾經練熟之兵以驅輕車。百輛車中一萬枝，千萬□□摧返面。敵人舉十萬之兵嚴整攻來，我師百輛迎之，萬矢齊發，摧挫面北而敗。細作水攻譎者佳，水中致勝，用詭詐之術以謀之，非仁者之立心，出於不得已而用之。净江龍辟水妖邪。此器能净江湖中毒物，恐傷水手及細作之輩，不能刻期取勝也。黿鼉蛟龍虎頭鯊，遠遁百里無魚蝦。水中毒蟲、惡蛟、魚蝦、水族之類，受此藥毒則遠遁百里之外。水中雷用碎舡底，鬼神莫測其中理。用此器於水中攻打賊之船，故名水中雷，其間玄妙鬼神莫測。渾脱羊皮夜不收，霹靂雷霆從水起。渾脱者用囫圇剥下羊皮以法製之，用於江湖中。其炮水底直上打賊舟底，則霹靂之聲從水中起也。陰陽鑽即水火名，且焚且銼船板通。陰陽鑽即水火鑽，且燒且銼，賊人之船板將通矣。金鼓炮銃雜其聲，艨衝海鶻沉江中。艨衝、海鶻，二巨舟名，以金鼓銃炮混雜賊人耳目，用前鑽燒挫船底，雖艨衝之巨舟、海鶻之大艦，立時沉溺江中矣。燒船焚筏斷錨纜，金鎖匙名斬鐵劍。金鎖匙，擅燒錨纜之火器，用之擅能燒熔鐵纜，如匙開鎖，又如斬鐵之劍也。火龍暴横焚巨艦，大勝周郎赤壁戰。火勢猛暴於水中，燒彼船筏，火光熾盛如周公瑾赤壁之戰也。水葫蘆繫細作腰，囫圇羊皮火器也。水葫蘆繫於細作謀略之人腰間，用囫圇羊皮以攻賊火具包裹，共斷水瀨，亦可浮人渡水。油革鵝掌水行速，狂風大浪不曾遭。革，皮也，以桐油透過，作鵝掌縛於兩足，水中行之甚速，狂風大浪不遭沉溺之患。舟楫水戰長者利，盤旋火槍燒蓬器。水戰之道，器械長者得敵之利，盤旋火槍有三百步之遠，可燒戰船之帆檣。桅帆漸見火連天，三百步外觀廢墜。蓬帆上漸見火勢接天，我三百步外坐觀賊船廢墜也。大一窩蜂壞賊船，卒遭船連火熾燃。此器名曰大一窩蜂，追上賊船相接，火勢猛烈，毀壞賊船，立可擒賊。鐵石火彈雜飛烟，賊持利器難進前。鐵菱角、石子、火彈子等物混雜於藥之烟中，賊有利器，毒藥火勢衝過前來，不能交鋒對敵也。獲舟擒敵有多方，驚風牝猪擲入倉。獲賊之船，以奇謀异術圖之。用此器擲入賊艙中，炮鳴後遺下二十八枚小火器，滿艙上下交飛燒燎，可擒出艙賊首，乘火勢致勝矣。生下廿餘小猪子，燒毛燎髪爛下裳。炮鳴後遺下二十八枚小器，能致賊首出艙而受敵也。連珠炮響聲撼天，更燒更打火連綿。此炮聲勢接續如解竹之聲，如連串之珠，又能燒船，亦能傷人，火焰炮聲連綿不絕，故曰連珠炮。群蜂炮内函飛燕，尾帶剛針詞具前。炮響傷人後腹内函飛燕二十餘枚，尾帶剛針，一名鐵蜂刺，塗見血封喉藥於上，一刺，人馬三步即倒。其製度之法已具於狼牙炮下，故曰具前。玄微秘訣難詳遍，非遇至人豈能見？後學須當着意精，助國安民平寇亂。

此篇係後人所加。

克敵武略熒惑神機卷之一終

尅敵武畧熒惑神機卷之一

火攻風候

火攻之法以風為勢風猛則火烈火熾則風生風火相摶斯能取勝故為將者當知風候以月行之度準之月行於箕軫張翼四星

箕在天十度半軫在天十七度張在天十七度翼在天十八度

則不出三日必定有大風數日方止仰觀星宿光揺不定亦不出三日必有大風終日而止黑雲夜蔽斗口風雨交

作　雲自北方起者風必大

黑雲飛塞天河大風數日　雲如豬形者名天豕渡河

月暈而青色數圍主風無雨　青主風黑主雨

日没黑雲相接來朝風作風來十里揚塵動葉風來百里

飛砂飄瓦風來千里力能走石風來萬里力能拔木如天

之時而善用之斯萬戰而萬勝矣

火攻地利

火攻之法上順天時下因地利曠野平原遠擊者勝

用遠罷擊之先催其鋒

叢林隘道夾擊者勝

用利器夾擊則首尾不顧

漫坡盤谷埋擊者勝

先埋神器俟賊入套而發

長江大河近擊者勝

用法器順風迎面而擊之

憑高擊下其勢順用重器猛火以墜之

如山上城上等地以地勢為重

以下擊上其勢逆用銃器裂火以噴之

如山下城下等地以風勢為重

彼此皆有火器卒然而遇不及成陣其勢易亂用遠器先擊者勝

彼此俱用火攻陣成而戰未免俱傷故用遠器而先擊必勝

彼此皆扎營寨欲刼輜粮先觀伏路其勢易疑用號器四擊者勝

乘風高月黑之夜先觀伏路埋伏精兵勝則掩殺敗則應援使細作入营舉火四面用砲石攻之各以號

頭為約號响則火發火一發則兵起四擊者使賊不
敢出而内自相殺
故曰四擊者勝

城中擊外當攻其堅
撣堅處用神器攻之其堅處一破則圍自解

城外擊内當攻其瑕
撣瑕處用神器攻之其瑕一開乘機而入

水戰必先上風　火隨風勢風順則火易烈故先上風
用利器於烟障

先用法火烟藥障塞江中撲賊眼目使賊不見一物

一計不能施也

蓬帆必以藥制使不沾染火烟

水戰與陸戰不同四面波濤退無奔路用法藥制造

蓬帆不沾火藥則萬保無虞矣

此水戰之上策也苟不辨地利而用之不得其宜未有不

捨器而走徒資寇敵也

火攻器制　火攻之法有戰器有埋器有攻器有守

器有陸器有水器種ㄷ不同用之合宜無有不勝其戰器

利用輕捷則兵不疲力而銃氣當充

輕捷則利於擊刺兵可守持

其攻踫利於機巧則兵可奮勇而移動不常

機巧則便於攻打兵可移連

其埋踫利於爆擊易碎火烈而烔猛

用辰砂水銀麻子油和神火藥藏於砲中則爆如豆

粒擊賊透骨傷賊甚衆

其守踫利於遠擊齊飛火長而氣毒

用荳末砒霜神砂和飛火藥藏於砲中以發之賊受

其毒立時而斃

其陸器利於遠近長短相間分番疊出各為陣號

某陣某將聞某號而出某陣某將聞某號而入則兵

力不疲於戰

火砲火箭火銃火彈此遠器長器也則與長鎗大刀相間

鎗刀用以交鋒

火鎗火刀火牌火棍此近器短器也則與強弓硬弩相間

弓弩用以拒陣

選以精兵練以陣法

利器精兵陣法三者不可缺一有所缺皆非萬全

器貴利而不貴重兵貴精而不貴多將貴謀而不貴勇良將一員大兵三千足抵強兵四十萬可以無敵於天下矣若水戰之具與陸戰之具不同沖鋒則主於迎頭直擊

如發礦狼機是也

掩襲則主於截中夾擊

如神鎗火銃是也

亂陣則主於焼染蓬帆

如火箭火毬是也

殿後則主於多設矢石

如火砲神弩是也

將得其八而隨機以應之則無不勝者矣

火攻藥法

火攻之藥硝硫爲之君木灰爲之臣諸毒藥爲之佐諸氣

藥爲之使然必知藥性之宜斯得火攻之妙

硝性主直　直𤼵者以硝爲主

硫性主横　横發者以硫爲主

灰性主火　火各不同以灰爲主有箬灰柳灰杉木灰樺

灰葫蘆灰之異

性直者主遠擊硝九而硫一性横者主爆擊硝七而硫三

青楊為灰其性最鈠枯杉為灰其性尢緩箸葉為灰其性

尢燥雄黄氣高而火燄

神火以雄黄為君

石黄氣猛而大烈

法大以石黄為君

砒黄氣臭而火毒

毒火以砒為君

金汁銀銹硇砂炒制鉄子磁鋒着人則頃爛見骨

爛火藥内用之

牙皂姜霜椒末配合飛砂神霧着人立瞎雙睛

飛火藥内用之

草烏巴豆霜雷藤少加水馬

虎藥中人飲冷水即觧加水馬則見水愈急

熬萸藥矢龍鎗着人則見血封喉

火箭火鎗上用之賊中立斃

江子常山半夏略和川烏製造噴筒藥礶着人則禁唇不言

噴火藥内用之

桐油荳粉松香用利焚粮刼寨

偷刼火藥内用之

人精鐵汁巴豆用破草車皮帳

草車皮帳攻城用此鎔化烧沸傾注城下洞透重草

狼糞烟晝黑夜紅遞傳警報江豚灰逆風愈勁力顯神奇

凡火藥順風則發逆風則不可用加江豚灰配合諸

藥風愈逆而火愈熾矣

他如猛火油得水愈熾可烧溼物出占城國

九尾魚脂見風漫爆無可遮攔固皆難得之物而為將者不可以不知也出娑羅國

火攻兵戒

火攻之法用無不勝勢莫能當固不可輕用亦不可妄用也且兵家之要上順天時下得地利中應人和三才之道備而為將者又能知己知彼以仁為心法以義為軍聲以明為賞罰以信為紀律因時而制宜設奇而料敵凡遇古先帝王陵寢聖賢祠宇都邑群屋里巷輻輳用火攻之則非崇道之意仁民之心

戒之一也　前阻茂林進無所據後背水澤退無奔路逼已營寨軍陳未列

凡遇此地用火攻之恐連焚及已也

戒之二也風候未定地利未得反風滅火禍莫大焉

火攻之法先據地險次候風信

戒之三也彼兵半欲歸降未得其間乘風縱火玉石俱焚

戒之四也內有驍智之將畜為已用必設計以生擒戒之五也彼兵已降心疑其叛從而坑之以失士心

如白起坑秦卒不仁莫甚焉

戒之六也喪敗之賊擄掠吾民以張其勢必思奇策拔脫民命

不脫其民而遽用火攻之謂之不智不仁

戒之七也萌甲方長鱗虫始振赤地焚燒傷生甚衆以損仁德戒之八也遵此八戒者而雲飛鳥集思神莫測其機電掣雷轟造化莫窮其妙上為　天子安邦定國下為黎民殱敵平夷礪山帯河封侯拜將著勳烈於廟廊垂功名於竹帛豈止萬人敵而已哉將與諸葛孔明匹休而並譽也

五火玄歌機

用兵之事國之大

兵者國之大事不得已而用之

平滅狄清疆界

出師用此術於行伍之中滅其強　清其疆土

捧轂推輪任大材

出師之日王者告於太廟授鉞於師推其輪而送之

謂之捧轂推輪

苟非其人神器敗

舉非其人則朝廷神器挫敗也

告廟授鉞受君命閫外君命不受誡

將受命於君﹅命有所不受

延攬英雄豪傑才

主帥將其軍於閫外須延訪英雄豪傑之士以為佐

雖一材一技之輩亦堪於軍門之用

林下遺才優礼待

林泉閑佚之流擅識天文地理中知人情諳曉韜畧

鬼神莫測轉為吉變異為祥者以優禮待之則四方

賢士望風而来矣

奇遇異士談火攻

有奇異之士来言火攻百戰百勝之術

須臾説出鬼神驚百戰百勝理其中

百戰百尅之畧已俱火攻

烽堠防守誚一宗

立烽臺以報聲息誚為首務故先之

荔枝神砲火龍飛墩臺擲下賊殘軀

前一件火藥置於臺上以備賊掘其基則晝夜不

能報傳用火點此擲下燒擊其賊

風塵砲可迷人眼喘息難伸賊碎胆

火灰製過臺上擲下砲响瓶破灰揚迷目賊人喘息不能伸也

重地固守理須關守虞式法任才能

我師深入敵境設伏於隘口關渡之所用此守虞塞源之術一夫當關萬夫莫過者須伏此神器於地以禦敵衝必須委任才能之人以守之

地雷火砲如有神理趨玄妙非輕論

地雷火砲用之如有神鬼不測之機

雲樓攻擊高下中採木綑造虎頭蓬

採木製造虎頭蓬子可攻高山又平地亦可窺視賊

城中之虛實故有高下中之殊

責限百刻雲樓成攻高望遠窺賊城

欲攻彼高下之所須責限一日夜而成云樓可攻可

守窺視賊城内之虛寔

山險固守敵難通一毋十四子砲停

與敵分界之所依山附險用此火砲等物固守要道

以禦之

禦敵伏茲方寸霧

倫賊之法欲多籌算在茲方寸靈臺之間

翼虎山上向下衝破屋穿堵騰蛟龍

用此翼虎鎗山上向下射之雖墻屋不能拒當如飛

騰龍蛟之勇

逐陣鎗去一團火念餘暗箭難防躲

設立營寨於山坡之上有敵從下攻来用此自上燃

火着信自上滚下不劳人力而破之中有火箭二十

餘矣左右射賊突圍開路

細作挠佚劳　打陣破損斂益我

設使敵賊安佚以細作用此砲以令彼之劳此砲打

去到彼復有砲於彼處傷人驚馬惑衆故損斂益我

敵若疑惑乘亂而取之

火獸玄與迈田單猖獗潰敗横屍遍野

火獸與田單火牛相迈故曰迈単田攻其賊之閑佚

火獸一縱其勢猖獗横屍遍野

蠻謀陰計火裝囊餡敵威如虎咬羊

其機甚速其計甚密一臨敵营其勢猖狂如虎啖羊
矣

細作刼营理悠長
夜不収用淩三具火罷竊負敵营積火潛出外以兵
應之亂則致勝

醉僊毬法火猖狂掃蕩嚴令威風霜
細作負此毬畜火刼营潛身出营良久火勢猖狂彼
之首雖有號令如風之速如霜之嚴亦惑亂矣

旋風砲搽金蛇長久砲鳴敌胆匕

刼营之法亦如前理其勢盤旋如金蛇閃爍光輝少頃有砲振於後致賊喪胆戎馬驚馳

旋風狠牙砲條項烈熖盤旋聲响亮砲腹飛燕連珠撞尾帶鋼針刺馬蹄塗毒蠱蠆　馬瘦

條項二字有三等之分首旋風烈熖環撞次砲鳴驚駭人馬終砲腹有飛燕子二十餘隻尾帶鋼針頭有毒藥九一刺馬足則有蜂蠆之毒我傷瘦傌一物有三等之用故曰條項

火中自殺玄中玅不測破营自殺砲

使其敵人自殺玄妙莫測不用人畜飛禽异類能使

賊营有砲鳴三聲加之應兵於外無不相射賊玄微

莫測也

斧鉞加身不傳教攻式砲式先賢導

此砲受於前賢後人述之

能行自走流車鎗無羽無足勝飛翔

流車恃藥之力使其自走無翅無足其行如飛勝箭

似飛蝗

臨

百矢如飛蝗左右高下叙低昂

茲車臨敵每車百箭出如飛蝗趨向其左右上下次
序出分别上下左右高低也
平陸攻戰千萬法一計應麾羨賢達
交鋒對敵於平原非策畧不能取勝奇策應於指麾
之下而獲勝無不稱羡之矣
行营内隱火器兵晝用攻戰昏駐扎
内藏火器之兵日間用攻戰之具夜作駐扎
帳幕車中有八強恣行沙塞勦兇渠
此車中有八強故恣意擅行之地勦除賊酥

萬全車中載勁兵神箭神弩如雲奔

車中載勇悍之兵調用神器大弩有如風行電速

上八神功下八衝大器一縱雷霆轟

上層有八衝下層有八強縱放火器如雷霆之迅速

箭發如椽射太華

其箭如屋椽可達太華之峯美其高遠

飛石鐵彈風飄花

車內有飛石鐵彈卒遇交鋒之際如猛風飄花之多

長鎗鐵騎跳蕩馬週行　庋攏沙

鐵人鐵騎牌兕馬長鎗短劍護持為爪牙則南北擴

行於　之地

山險攻戰歷崎嶇磊木滚石謹防之

登高涉險崎嶇之道攻戰謹防磊木滚石之傷

製造鐵屋明柔濟下藏勇悍樂死士

鐵屋之制有剛柔相配内藏勇悍之士樂死之兵以

攻山上之栅寨

靈臺湛然水澄清全伏火器摧前鋒

靈臺者心也澄徹如水之湛然運籌决勝伏此火器

以摧挫其先鋒

二虎追羊火力攻虎如羽翼飛虛空

火勢猛勇如二虎倍加翼飛其虛空

一舉七矢七箭箭先鋒　俱射適

一舉火七矢齊起發敵之先鋒　俱被火矢射傷

二百步内馬步傷藥鏃見血刻下匕

箭發三百餘步鏃有見血封喉之藥人若中箭刻下

即匕難行三步之遠也

步下攻戰神鎗箭千軍萬馬須熟練

神鎗火箭千人萬人須要熟煉

抽添曲折與循環縱横去就余詳驗

曲折縱横之理熟練於心間故云驗也

三隻虎擂擒　一舉火發三矢端

一舉火發三矢齊行易於中人

小窩蜂助長矛強鎗長丈二凝冰霜

小一窩鋒堪助長矛之強矛之長一丈二尺

烈火藥焰四十尺五丈大勢賊瞑目

火焰長四丈鎗長一丈二尺共得五丈余火勢交鋒

之際賊人不能睜目喘息

鐵石火子群蜂飛走陣收功期取則

鐵石火彈子等物如群蜂交飛不能睜目可收全功

此器步戰可取則焉

馬上攻戰辦才智横衝直撞知胆氣

馬上攻戰勇敢才智以辦其胆氣也

鐵蜂小罷有大權馬上隨身任所自

鐵蜂器小有透甲之功便於馬上懸帶

流星砲去鷹奮揚鋼鏃透函驚砲忙

函甲也鋼鏃透甲砲鳴驚馬

迈浚火鎗揷翅虎中物廻熸夷虜呰

火器所中之虎有廻火焚烧錙蓄積聚

馬步夜戰多火鼓交鋒棄馬烧騎

孫子曰晝戰多旌旗夜戰多火鼓此器善能射人浚

能焚烧

衆火搏兎多驚疑駭馬奔馳難料知

製造如前有四箭落地躍跳驚人馬與前加倍也闌

闌撩於藥箭滿地躍跳驚烧人馬故曰交鋒棄馬

雷吼噴鎗一把連短箭火彈石子觸

噴火之聲勢若雷吼短箭火彈石子鐵蒺火藥噴云

則人馬難於攻戰此器利於近戰

萬騎攻来营預安排兵猛放火離山透虎穿牛不輕恕神

鎗三廂歌别註

邉城擧大勢人馬攻来我師擺開隊伍放此猛虎離

山鎗射之猛如神鎗之力故得透虎穿牛之説

猛廂之鎗歌亦是

打放神鎗之法全在變轉無滯迴旋不竭神鎗三隻

虎猛離山鎗三件歌括另註於本條之下

五雷轟山獲散騎

一峯火五砲齊發易獲散亂步騎

月落星隨砲畧具

此砲一發大砲石後隨鉄彈子三升故有是名

貔貅驍勇八合攻麾指　骸骨碎

戎虜八合攻來麾指之處　骸骨碎如虀粉

捕獲散騎策應前攩衝不住大車類

火車之類策應其前萬衆攻來用之無不獲勝亦可

捕獲散騎也

百鷹搏兔齊騰翔七七矢破魚貫行

魚貫雁行衆整之貌百鷹之名用士有四十九矢齊

發敵有魚貫雁行之衆整而來攻此易於斂衆破之

百虎齊發百矢箭輕車内載兵曾練

輕車舉火轉動則百箭左右傷人須用曾經練熟之

兵以驅輕車

百輛車中一萬枝千萬　　摧迈而

敵人舉十萬之兵嚴整攻來我師百輛迎之萬矢齊

發擂挫而北而敗

細作水攻譎者佳

水中致勝用詭詐之術以謀之非仁者之立心出於

不得已而用之

淨江龍辟水妖邪

此器能淨江湖中毒物恐傷水手及細作之輩不能

刻期取勝也

鼉鼉蛟龍虎頭魦遠遁百里無魚鰕

水中毒虫惡蛟魚鰕水族之類受此藥毒則遠遁百

里之外

水中雷用碎缸底鬼神莫測其中理

用此器於水中攻打賊之船故名水中雷其間玄妙

鬼神莫測

渾脫羊皮夜不收霹靂雷霆從水起

渾脫者用囫圇剝下羊皮以法製之用於江湖中其

砲水底直上打賊舟底則霹靂之聲從水中起也

陰陽鑽即水火名且焚且鉎船板通

陰陽鑽即水火鑽且燒且鉎賊人之船板將通矣

金鼓砲銃雜其聲艨衝海鶻沉江中

艨衝海鶻二巨舟名以金鼓銃砲混雜賊人耳目用前鑽燒挫船底雖艨衝之巨舟海鶻之大艦立時沉溺江中矣

燒船焚筏斷猫纜金鎖匙名斬鐵劍

金鎖匙擅燒猫纜之火器用之擅能燒鎔鐵纜如匙開鎖又如斬鐵之劍也

火龍暴横焚巨艦大勝周郎赤壁戰

火勢猛暴於水中燒彼船筏火光熾盛如周公瑾赤

壁之戰也

水葫蘆繫細作腰囫圇羊皮火罷也

水葫蘆繫於細作諜畧之人腰間用囫圇羊皮以攻賊火具包裹共斷水湿亦可浮人渡水

油草鴇掌水行速狂風大浪不曾遭

草皮也以桐油透過作鴇掌縛於兩足水中行之甚速狂風大浪不遭沉溺之患

舟揖水戰長者利盤旋火鎗燒蓬罷

水戰之道器械長者得欵之利盤旋火鎗有三百步

之遠可燒戰船之帆檣

挠帆漸見火連天三百步外觀糜墜

蓬帆上漸見火勢接天我二三百步外坐觀賊船糜

墜也

大一窩蜂壞賊船卒遭船連火熾燃

此器名曰大一窩蜂追上賊船相接火勢猛烈毀壞

賊船立可擒賊

鐵石火彈雜飛烟賊持利器難進前

鐵蒺角石子火彈子等物混雜於藥之烱中賊有利

罷毒藥火勢冲過前來不能交鋒對敵也

獲舟擒敵有多方驚風牝豬擲入倉

獲賊之船以奇謀異術啚之用此罷擲入賊船艙中砲鳴後遺下二十八枚小火罷滿艙上下交飛燒燎可擒出艙賊首秉火勢致勝矣

生下廿餘小豬子燒毛燎髮爛下裳

砲鳴後遺下二十八枚小罷能致賊首出艙而受敵也

連珠砲响聲撼天更燒更打火連綿

此砲聲勢接續如觧竹之聲如連串之珠又能焼船

亦能傷人火[illegible]焰砲聲連綿不絶故曰連珠砲

群蜂砲内函飛燕尾帶剛針詞具前

砲响傷人淺腹内函飛燕二十餘枚尾帶劉針一名

鐵蜂刺塗見血封喉藥於上一刺人馬三步即倒其

製度之法已具於狼牙砲下故曰具前

玄微秘訣難祥徧非遇至人豈能見淺學須當着意精助

國安民平敍亂

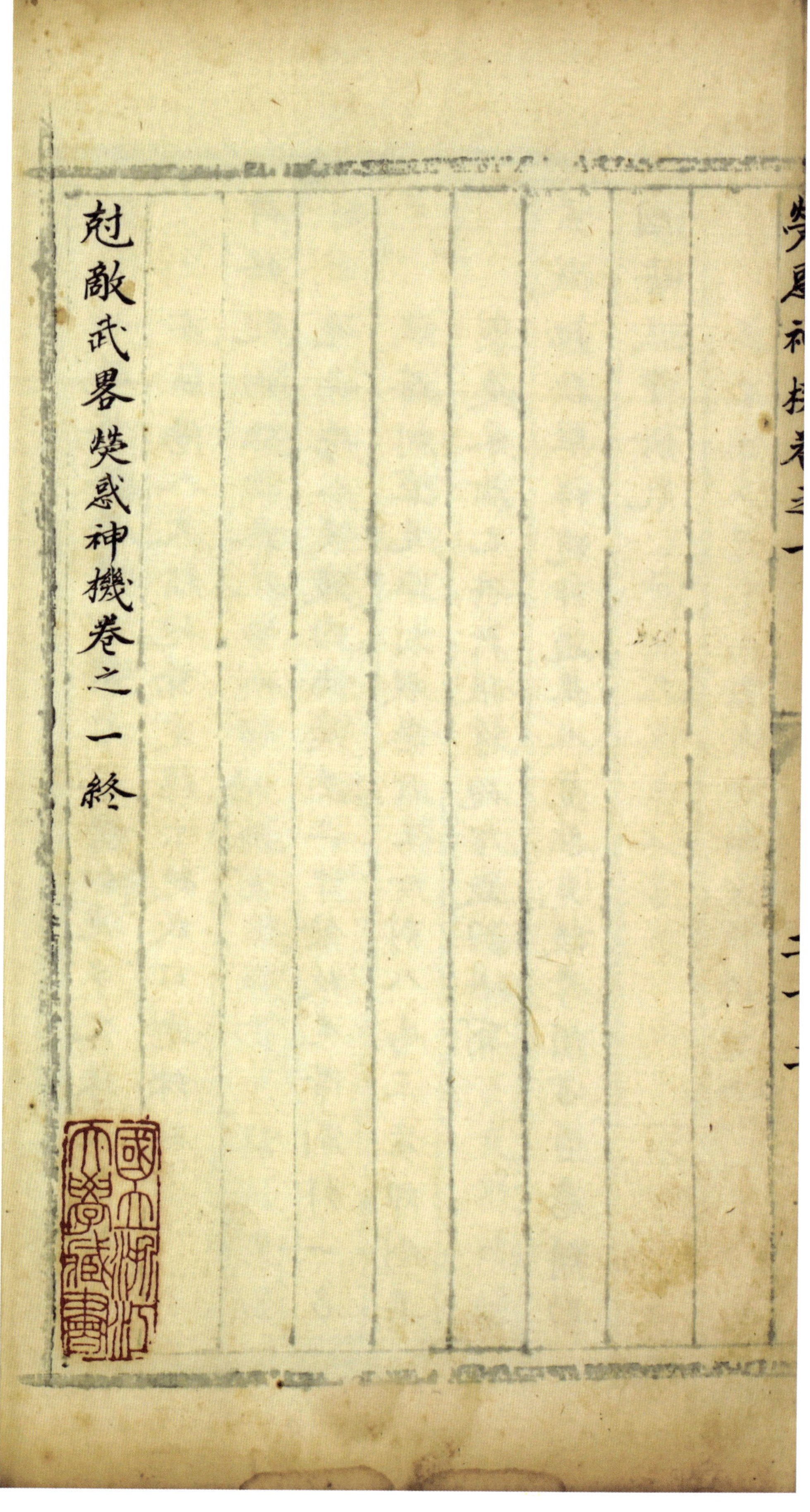

尅敵武畧熒惑神機卷之一終

克敵武略熒惑神機卷之二　衝陣火器

木人火馬天雷炮（木人火馬天雷炮：此條目引自北宋的《武經總要·前集》卷十一，南宋以後已棄用。）

此法木人騎活馬，能衝大敵破堅陣。用木作人形，飾以衣冠，騎坐於馬上，一手向前，一手向後，空腹近馬脊處，安一大西瓜炮。白凡（白凡：通「礬」，即白礬。）水煮濃馬鞍。庶不燒爛馬背，居中用一竹筒，自炮至木人齊，徑一寸五分，周圍鑽眼，每二寸爲一層，共十五層。一層七眼，至頂共一百零五眼。身三面留孔，孔與眼相合，孔内俱要神槍、神砂、神火，口與二目安三神砂，頂上安大神槍，起火箭安神砂，背後留門，安畢補合後手藥綫。身高三尺，頭高九寸，下闊二尺，上闊一尺五寸，粧以神像。後手火綫連絡一身。馬尾剪净，用末金合火藥，裝帶一條如錢粗，縛馬尾兩邊。用二槍夾縛木人兩腿前。穿馬轡嚼環，出馬頭前長一尺。馬衹向前，不能折身向後，四蹄球裹。臨時或敵來圍我城者，量其多寡放出。先於馬腹下係烟障雲霧藥，或日或夜，令軍牽至營臨近處，處處夾發，先點後手藥綫，次點馬尾火帶，馬被火即往前衝。後手藥綫着至頂上，神火神砂先出，令彼觀看，砂中其目即瞎。其馬跑躍奮入敵營，牽馬人回，亦要察其真僞放入，其馬五彩雲霞一罩，彼視之如天神。藥綫往下至大炮，砂箭陸續盡出，大炮大震如雷，木人粉碎而焚矣。炮中鐵塊並砂箭，中人皆死。中眼沾身，皮爛見骨，其毒藥最驗。其傳至秘，非智仁勇者不可得，非大敵不可用。砂箭各有制度，頂上一砂槍象太極；兩目口三砂箭，按三才；連身上共一百零八矢，象天地之大數也；屋中一炮，以象混元；夾爲二槍，以象兩儀。臨用時以布包鹽一合，安馬口中紮住，先點腹下雲霧，火近彼營却點後手藥綫，并馬尾人帶，令人牽直喝令『速去』，主將回營。亦不許回頭静坐，令人登高遠望，待彼營亂，我即率大軍擊之，百戰百勝，不可當也。

腹藏神火一斗、毒火一斗炮藏烈火神砂或飛火、毒火、神火，三火合一，量賊陣斟酌用之。

木人火馬天雷炮式

薄板爲腹，中藏大鐵炮一枝，上藏神火，藥信盤曲尾上入腹，或木人喉藏火種，馬尾縛蘆葦，塗以膏油。以槍爲欄杆，前後出馬足一尺五寸，使直衝而去，不得旋轉，用衝陣。

火龍捲地飛車

用木爲車，裝制爲猛獸之形。高四尺，闊五尺，長五尺，下設雙輪使不攲側。腹藏火器二十件，火從諸獸口中噴出：神火、毒火、法火、飛火、烈火、爛火，火器次第而發，藥信盤曲。每一車用壯士四人，輪番推轉。兩傍設飛翅神牌，牌空眼以便觀望，遮避矢石。畫以獅象虎豹等形，車外裝利刀，上蘸火藥，號旗一舉，輪動如飛，衝入賊陣中，萬將莫敵（此器曠野用妙），若衝□尤妙。內藏神彈、神箭、神箭槍，口出神火一斗、毒火一斗、烟火五升、飛火一斗，烈火五升、神砂二升。

火龍卷地飛車式

火獸

以灣（灣：通『彎』。）木作架，配犍牛身，大小若今之驢上架相似。用此架作根本，却從架上生發，打造方面架三層，將牛首、身、尾俱藏架内，外以利刃四面多安。用紅布爲幔遮其牛，仍尾前腰後安烈火藥三筒，次第安放。倘欲攻敵或劫營擾敵等，用此牛將牽至敵營，火發牛痛，直對敵營奔去，切要離我營寨絶遠方可用，善挫魚貫雁行之勢，破堅營乘亂致勝也。

流車槍

車輪高三尺六寸，車長四尺五寸，闊三尺，上下高二尺五寸，用鐵綫作架槅，左右各二十五槅，前面上排二十五槅，下排二十五槅，共安火箭一百枝。火繩盤定，用毡蓋覆，用則去之。後安發行火筒七道。推至賊營，稍近點火，其車自去，後用長竹作尾，再安回安筒，箭盡回火，自使車而返。

神機萬全帳幕車

此車以杉木作筐，高一丈三尺，分二層，下立八柱，高七尺，柱上横井字梁，梁上鋪板，板上再起一層如女墻式，高六尺，上安尖頂立望樓。選勇健善射弓弩者八人於上，中載弩床二張、大小神器、長槍，上帶小一窩蜂、飛石、鐵彈、大弩等器。女墻開竅以放神器箭矢，分中建立大旗，下層隱勁兵强弩火器十六名，内置四輪，以紅布夾層爲帳，内鋪錦絮。如臨陣，以水濕之以防火器鉛子。常行止用五馬拽之，攻戰則以鐵騎九匹、馳驟若飛者拽之以衝敵陣。如賊人固守，我於高阜處換立望樓以火器擊之，須以竹索牽引，以防大風。女墻仍用吊搭開竅，以索繫之，頂上須斷水漏，恐濕神器。頂周圍立小旗二十四面，前後用跳蕩馬步兵二十人護持，以爲牙爪用。此車數百乘可以横行於□□。如安營就可作帳房，攻則勝，守則固，敵人莫我測，真萬全之計也。

自去炮

用不堪馬不拘數目，如與中國人戰，每喂草必遠點火，亮久則見火自來。如與□（□：疑爲『虜』。）戰，每喂草必遠吹角，聲久則聞聲自來，較演純熟。將火炮數個量力重輕，綁縛馬身上，用長信點之，或用見火或用聞聲，自到敵人營中擊人矣。

如意車

衝堅陣破强敵用之。用好木作底，前後四輪，前二輪各製轉軸如轆轤樣，後二輪相連如水車樣。高三尺五寸，長四尺，闊三尺，内可容二人。上窄如人形，後留一門以便出入。周圍用生牛皮包裹，四面皆留箭眼、槍眼以放火藥等具。中作一轉軸，自下至頂上繫絲繩四條，繩尾各懸一鐵錐、斧頭等具，内裏轉動鐵器并起，人馬觸之必死。神箭神砂三面飛出，仍以雲霧五彩障之。三五輛、十數輛夾攻，人馬躍亂，乘勢擊之，三軍齊聲大呼『神兵助我』。回則倒轉其輪，敵不敢追。

車輪戰

下造如軸車樣，安二輪，後二把手，用人手推之，前面用一板，上朝後捲定狼牙大釘，内可容一人。車上兩邊又安二小輪，每輪安刀八口，中作兩轉軸，一人在内，手攬轉軸，其刀亂砍。

嚇馬獸

用牛皮作獅子，高五六尺，飾以五彩長鬃、長尾、頂帶銅鈴。足安走輪，口安火藥，腹内裝火炮、神砂等物，兩眼安火箭。排於陣内，敵馬若至，吹響物爲號，點起藥信，口眼火發跳躍而前，賊必驚退，乘勢擊之，必勝。

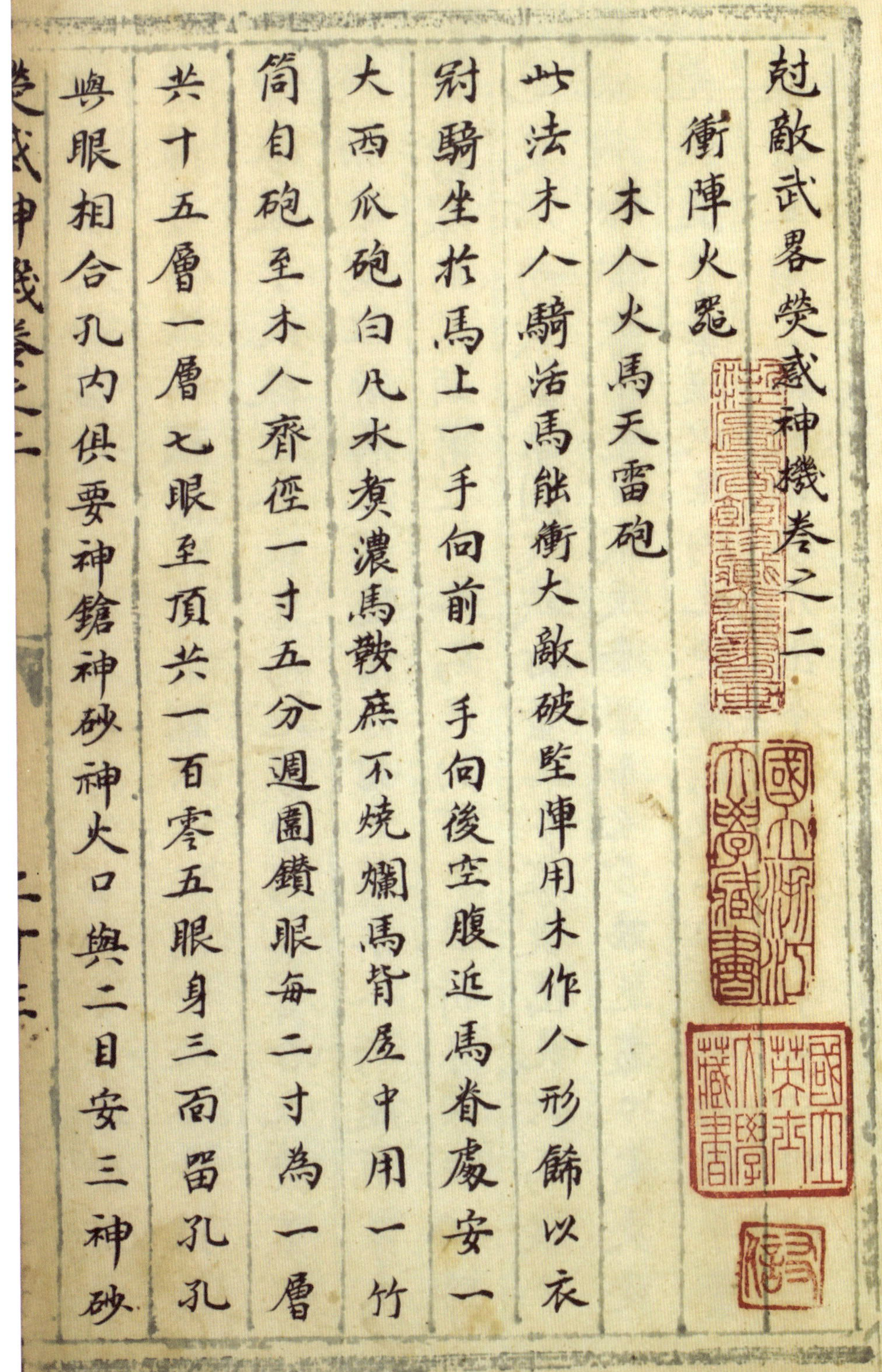

尅敵武畧熒惑神機卷之二

衝陣火器

木人火馬天雷砲

此法木人騎活馬能衝大敵破堅陣用木作人形飾以衣冠騎坐於馬上一手向前一手向後空腹近馬脊處安一大西瓜砲白凡水煮濃馬糞蓆不燒爛馬背屋中用一竹筒自砲至木人齊徑一寸五分週圍鑽眼每二寸為一層共十五層一層七眼至頂共一百零五眼身三面留孔孔與眼相合孔內俱要神鎗神砂神火口與二目安三神砂

頂上安大神鎗起火箭安神砂背後留門安畢補合後手
藥線身高三尺頭高九寸下濶二尺上濶一尺五寸粧以
神像後手火線連絡一身馬尾剪淨用末金合火藥裝帯
一條如鐵粗縛馬尾兩邊用二鎗夾縛木八兩腿前穿馬
轡爵環出馬頭前長一尺馬尺向前不能折身向後四蹄
毬褁臨時或數来圍我城者量其多寡放出先於馬腹下
條烟障雲霧藥或日或夜令軍牽至營臨近處〻處夾發
先點後手藥線次點馬尾火帯馬被火即往前衝後手藥
線着至頂上神火神砂先出令彼觀看砂中其目即瞎其

馬跑躍奮入敵營牽馬人回亦要察其真偽放入其馬五
彩雲霞一罩彼視之如天神藥線往下至大砲砂箭陸續
盡出大砲大震如雷木人粉碎而焚矣砲中鐵塊並砂箭
中八皆死中眼沾身皮爛見骨其毒藥最驗其傳至秘非
智仁勇者不可得非大敵不可用砂箭各有制度頂上一
砂鎗象太極兩目口三砂箭按三才連身上共一百零八
矢象天地之大數也屋中一砲以象混元夾為二鎗以象
兩儀臨用時以布包鹽一合安馬口中扎住先點腹下雲
霧大近彼營卻點淺手藥線並馬尾八帶令人牽直喝令

熒惑神機卷之二　　二十四

速去主將回營亦不許回顧靜坐令人登高遠望待彼營亂我即率大軍擊之百戰百勝不可當也

腹藏神火一斗毒火一斗砲藏烈火神砂或飛火毒火神火三火合一量賊陣斟酌用之

木人火馬天雷砲式

薄板為腹中藏火鐵砲一枝上藏神火藥信盤曲尾上入腹或木人喉藏火種馬尾縳蘆葦塗以膏油以鎗為欄杆前後出馬足一尺五寸使直衝而去不得旋轉用衝陣

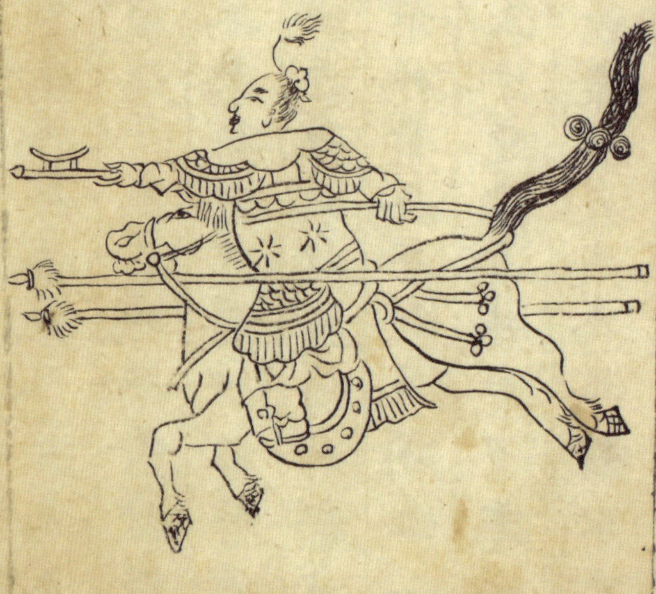

火龍捲地飛車

用木為車裝制為猛獸之形高四尺濶五尺長五尺下設雙輪使不敧側腹藏火器二十件火從諸獸口中噴出神火毒火法火飛火烈火爛火々器次第而發藥信盤曲每一車用壯士四人輪番推轉兩傍設飛翅神臂々空眼以便觀望遮避矢石画以獅象虎豹等形車外裝利刀上醮火藥號旗一捧輪動如飛冲入賊陣中萬將莫敵此器曠野用妙若冲尤妙內藏神彈神箭神箭鎗口出神火一斗毒火一斗烟火五升飛火一斗烈火五升神砂二升

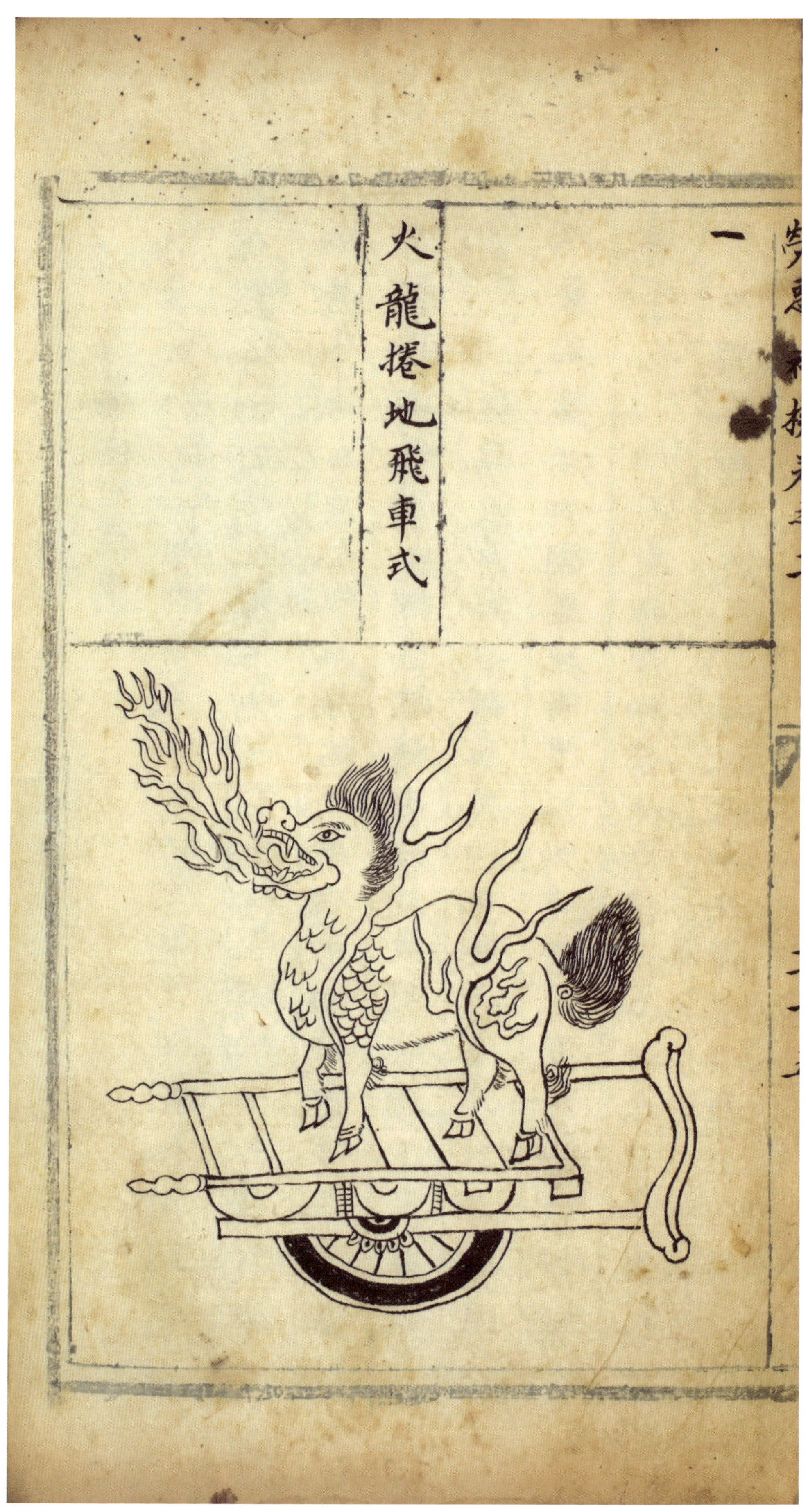
火龍捲地飛車式

火獸

以灣木作架配犍牛身大小若今之驢上架相似用此架作根本却從架上生發打造方而架三層將牛首身尾俱藏架內外以利刃四面多安用紅布為幔遮其牛仍尾前腰後安烈火藥三筩次第安放倘欲攻敵或刼營撓敵等用此牛將牽至敵營火發牛痛直對敵營奔去切要離我營寨絕遠方可用善挫魚貫雁行之勢破堅營乘亂致勝也

流車鎗

車輪高三尺六寸車長四尺五寸濶三尺上下高二尺五寸用鐵線作架槅左右各二十五槅前面上排二十五槅下排二十五槅共安火箭一百枝火繩盤定用毡蓋覆用則去之後安蒺行火箭七道推至賊营稍近點火其車自去後用長竹作尾再安回安箭箭盡回火自使車而返

神機萬全帳幕車

此車以杉木作筐高一丈三尺分二層下立八柱高七尺柱上横井字梁〻上鋪板〻上再起一層如女墻式高六尺上安尖頂立望樓選勇健善射弓弩者八人於上中載

弩牀二張大小神砲長鎗上帶小一窩蜂飛石鐵彈大弩等砲女墻開竅以放神器箭矢分中建立大旗下層隱勁兵強弩火砲十六名內置四輪以紅布夾層為帳內鋪錦絮如臨陣以水濕之以防火砲鉛子常行止用五馬拽之攻戰則以鐵騎九匹馳驟若飛者拽之以衝敵陣如賊人固守我於高阜處搭立望樓以火砲擊之須以竹索牽引以防大風女墻仍用吊搭開竅以索繫之頂上須斷水漏恐濕神砲頂週圍立小旗二十四面前後用跳蕩馬步兵二十八人護持以為牙爪用此車數百乘可以橫行於

如安营就可作帳房攻則勝守則固敵人莫我測其萬全之計也

自去砲

用不堪馬不拘数目如與中國人戰每喂草必遠點火亮久則見火自來如與戰每喂草必遠吹角聲久則聞聲自来較演純熟將大砲数箇量力重輕綁縛馬身上用長信點之或用見火或用聞聲自到敵人营中擊人矣

如意車

衝堅陣破強敵用之用好木作底前後四輪前二輪各製

轉軸如轆轤樣後二輪相連如水車樣高三尺五寸長四尺濶三尺內可容二人上穵如人形後留一門以便出入週圍用生牛皮包裹四面皆留箭眼鎗眼以放火藥等具中作一轉軸自下至頂上繫綠繩四條繩尾各懸一鐵錐斧頭等具內裏轉動鐵罷并起八馬觸之必炮神箭神砂三面飛出仍以雲霧五彩障之三五輛十數輛夾攻人馬躍亂乘勢擊之三軍齊聲大呼神兵取我回則倒轉其輪敵不敢追

車輪戰

下造如紬車樣安二輪後二把手用八手推之前面用一板上朝後捲定狼牙大釘內可容一人車上兩邊又安二小輪每輪安刀八口中作兩轉軸一人在內手攬轉軸其刀亂砍

嚇馬獸

用牛皮作獅子高五六尺飾以五彩長鬃長尾頂帶銅鈴足安走輪口安火藥腹內裝火砲神砂等物兩眼安火箭排於陣內敵馬若至吹响物為號點起藥信口眼火藥跳躍而前賊必驚退乘勢擊之必勝

鑽風神火流星炮

炮用生鐵熔鑄，中藏神烟、法藥、神砂，用母炮送入賊陣，發火炮碎，擊賊穿心（神砂并炮鐵），毒飛烟飛，撲入眼目（毒火合飛火），人馬俱傷不可行，一物不可見，一技不能施，此生擒之要藥也。大炮則用馬騾馱之，毒火（五升）、神砂（一升）或加爛火、法火（亦可）。中炮則用母炮發出，毒火（半斤）、飛火（半斤）、神砂（三合）。小炮則用手持擲去，毒火（三合）、飛火（三合）、神砂（一合）。

鑽風神火流星炮式

狀圓如球，中藏毒火、飛火、法火、爛火等藥。車堅木爲馬，兩傍烙兩孔，分引四信於外，中車空，藥信盤曲於中，以礬紙裹信，藏久不潮。用母炮發去，打入賊陣，墜地大震，則火燒炮擊矣。

九矢攢心神毒火雷銃

銃用精銅熔鑄，身長三尺八寸，中藏九矢，鏃上蘸虎藥（虎藥：即毒藥一類。）。發則九矢齊飛，穿心透骨，勁不可禦，中於人馬，見血封喉，立時而斃。用此銃一柄足抵精兵九人。中藏堅馬，外發藥矢，鏃蘸虎藥，或蘸爛藥，或帶飛火，裝時下米一撮則箭不摇動。常弓一發一矢，此銃一發九矢，故抵九人之用。

九矢鑽心神毒火雷炮式

此銃一柄發九矢，虎藥爛藥飛火藥，量賊陣而應敵。

八面旋風吐霧轟雷炮

炮用生鐵熔鑄，中藏神烟法藥，用母炮送入賊陣，火發炮碎，霹靂一聲，火光迸起，炮鐵碎飛，勁如鉛彈，人馬俱傷，乘機而戰，破之必矣。或欲生擒，或欲擊死，隨機而用。一種用火毒、神砂，一種用烈火、磁屑，一種用飛火，神烟，一種用神火、神鋒，一種用法火、神烟，一種用爛火、神砂。

八面旋風吐霧轟雷炮式

此炮一架用壯士三人，二裝一放，毒火、神火、烈火、飛火、爛火、法火、神烟、神砂等藥。或欲生擒，或欲擊死，隨機應變，用藥不同。

無敵一窩蜂火籠〔箭〕

籠用篾編，兩耳用木，籠口闊一尺二寸，底闊六寸，内槅眼二個，上槅安於藥筒中間，下槅眼離底一尺，兩眼上下相對。一眼可安一箭，寬狹得中，上下各眼共十餘個，内藏箭二十矢，引綫各歸總出門。用棉紙包麻紮於籠門，上以紙封固門口，臨放方開。此器能遠去四五百步，水陸並用，勢如破竹。此火器中第一器也，雖千乘萬騎莫敢當鋒。

火籠式

單飛神火箭

銃用精銅熔鑄，筒長三尺，容矢一根，以竹爲翎，鏃蘸虎藥，中藏堅馬。用法藥三錢，藥發箭飛，勢若火蛇，攻打三百餘步，可貫數人，穿心透腹，與神槍同用。

單飛神火箭式

大火箭

造法用徑六七分荆木爲柄，長可五尺，後稍三棱大翎如箭矢。頭用紙筒，實以火藥，如火箭頭。長可七寸，粗可二寸。其法金鋒長五寸，闊一尺，或如劍形，或如刀形，或三棱如火箭頭若槍形，光榮芒利，通計連身重二斤有餘。燃火發之可去三百步，大隊齊衝之，賊中者人馬皆倒，不獨穿而已。凡有技材之物皆可架放。

大火箭式

飛槍、飛刀、飛劍三種飛器，其法即一大火箭。

二虎追羊〔箭〕

箭桿長五尺，一股三鏃，行火藥二筒向翎，烈火藥一筒向鏃，共三筒。徑七分，長四寸五分，續於一桿上，發五百步，行火藥二筒火從後出，畢會至烈火藥筒火出，能燒焚柵寨及燒敵船及燬敵房舍，一人用之則百人驚懼，大有妙玄。亦塗見血封喉藥與返復火槍刀倍之。

七星箭

用竹七根，長四尺，徑八分，打通節，内外光净。所用火箭桿長四尺五寸，翎長四寸，藥筒長四寸五分，徑一寸二分，黄土封後一頭。箭鏃長二寸三分，四楞有槽，塗見血封喉藥。離口四指半稱平，尾用鐵釘作墜子，務要稱得均平爲則。箭七矢，用箭七筒，捆爲一處，用一皮子作盤子護手，安箭七矢，子内藥信總頭。能獲散騎、摧挫鋒鋭之法，疾騎難逃。有二百步力，護手皮須添，下用皮兜子兜住，免磨壞藥信。

小一窩蜂

檀木桿子，徑二寸半，桿紙筒長一尺三寸，厚四分，或用大竹，外以生皮裹住，曬乾亦可。頭上留大指一眼，以紙塞住，用藥末并各件攪均、打實、封固，綁於長槍頭上。火發三四丈，長槍長一丈二尺。此器火發如群蜂相似，敵人離我四五丈地，先被此火并鐵石三色燒臉，目不能睁，我亦先勝四五丈地，使敵不能前進。此物參雜於步兵短刀長牌隊中，爲步下攻戰之寶也。

藥　方

硝一斤，黄一兩，杉木灰四兩八錢，朱砂一兩六錢爲末，水銀四兩鉛治過，石子每一個重三分，火彈子每一個重五分，用火藥打成塊，生鐵菱角每一個重一錢，生鐵子每一個重一錢。

鐵鋒箭

筒長四寸，徑一寸，桿長二尺五寸，心鏃長一寸五分，倒鬚翎毛長三寸五分，筒外用麻索密捆一層，糊紙封固後，一頭鎚二寸八分深，安鐵釘於後作墜子，離口六指稱平，便於馬上懸帶。與火箭同用，小巧便於收拾，有三百步之功。

流星炮

槍桿用苦竹，如小指，長四尺五寸，翎毛長四寸五分，筒長五寸，徑一寸，鏃槍倒鬚有槽，可塗見血封喉藥，長二寸五分，脚長二寸，筒打藥畢後，安紙炮一個，與筒大小同，長一寸八分。槍中人馬後有炮鳴，敵人驚駭，馬驚跳躍，乘亂致勝之術。

返復火槍

藥物制度同，惟此筒打藥十分之七，以紙隔斷一分厚，打烈火藥滿畢，以紙糊密封堅固，藥信從內通至外，復通至內，後仍錐眼安藥信畢。面前錐三寸深，離口六指，稱平，槍尾倘輕，用鐵作墜子安於翎尾後，務要斟酌子六指爲則例。中人後有四火倒出，擅敢隊騎、燒人馬、焚輜蓄，亦有二百步之力。

交鋒棄馬

藥物制度與流星炮同，後又安行火藥一筒，長二寸，紮法不能形容。中人馬後，行火藥筒自然落於地下，滿地跳躍盤旋，驚燒人馬，使敵不暇安佚，乘亂取勝。

衆犬搏兔

藥物制度俱同交鋒棄馬，惟此有小四筒，安於行火藥筒兩傍，槍傷人外有四小筒滿地跳躍，驚馬之術。

猛火離山槍

藥物與將軍炮同，用鐵匠打造。上口徑一寸，深三寸，下口徑九分，下腹徑一寸三分，長二寸，桿長三寸五分，徑一寸二分。安木柄長四尺，上口邊鐵匙長一尺二寸，開縫容翎，徑八分，箭桿長一尺五寸，徑四分，鐵鏃長一寸，鐵翎長二寸五分。此箭一發，三百步之地，若奔牛之勢，透五馬之功。用五千具能破十萬之衆。

月落星隨炮

凡遇大敵，若用大將軍炮，如裝馬子，鬆緊須是得宜。上加大石，隨口大小，仍加生鐵鑄彈子三升於石炮上，每一個重四兩，仍以土實裝於内至口。欲攻敵，以土布袋覆炮上，炮止於土埃。點火一發，石炮七百餘步，彈子左右横占五十步之地。卒遇危急，不可救援，方用之。可突圍奪路，使敵碎骸破馬，此炮大破萬衆。

飛空神雷（影本目録爲『飛空神砂』。）

此製與前功稍同，但用法則異。取石不拘多少，聽用。後有藥炒製，亦用大起火藥送出敵營，上帶炮竹二個，到彼爆破落，其效若神。

藥　方

一斗。燒酒五斤，好醋五斤入内，草烏五斤，狼毒、巴豆、南星（南星：即中藥天南星，有毒。）、川烏各四兩，共爲咀砂鍋水煮，至一半去滓再煮如餳，却將□□入内慢火炒，將乾時，再用砒硇（砒硇：砒霜。）、硝灰、銀銹子（銀銹子：提煉銀礦石時遺留在坩堝底的銅、鉛質渣滓。）各四兩爲末同炒。裝時如法，無不中矣。

自傷炮

用鵝鴨子（鵝鴨子：鵝蛋、鴨蛋殼。）盛火藥，外糊紙數重，同鍋犁生鐵打碎，如指面大，以毒藥炒過，沾於炮外。又糊紙數重，然後用極慢藥綫長一尺許，盤於球上，稍露其端，外又糊紙數重，飾以五彩炮索。打入敵人營陣之中，敵人看與不看，綫到火發，敵自傷死。

天火球

此藥不用凡火，以藥修合半斤可用。不許透風，必須地窨内合藥裝藥。先將鷄鵝鴨子不拘多少，頂上破一孔如豆粒大，將清黄傾出，務要洗凈曬乾，每個入藥一錢，碎磚如豆大，同入塞滿，方用白芨油汁紙封糊頂。外又用沙泥和加柴灰固臍一層，約半指厚。遇敵人糧草輜重多載者，擇風宿直日，令軍士以繩扣打去彼處，擊破殼，藥見風日即成火也，水亦難救。宜攻上風，勿攻下風，防己受害也。所謂風宿直日，即角、壁、翼、軫也。凡舟筏草木之處皆可焚（藥方另録。）

火焰爆

大石（大石：石膏。）、狼毒、草烏、川烏、南星、半夏、巴豆、蛇床（蛇床：即中藥植物蛇床子。）、爛骨，以上各等分共七斤熬水，即以此水先化大石，後入硇砂半斤、砒霜五斤，俱用火燒化開，挫入内，令均細極乾，裝紙盒内，用大圓炮熗（炮熗：同炮仗。）包之，藥綫露外，仍用紙重護，藥綫要長盤於紙内曬乾，外畫五色花草，使敵人莫識，每個重一斤許，令士卒以繩扣打落敵人營陣之中，爆破處起火不息，能傷敵人口鼻，極驗之法也。

克敵武略熒惑神機卷之三終

尅敵武畧熒惑神機卷之三

遠攻火器

鑽風神火流星砲

砲用生鐵鎔鑄，中藏神烟法藥神砂，用母砲逆入賊陣，焚火砲碎，擊賊穿心（神砂并砲鐵），毒飛烟飛撲入眼目（毒火合飛火），人馬俱傷，不可行，一物不可見，一技不能施，此生擒之要藥也。

大砲則用馬騾馱入　毒火（五斤）神砂（一斤）或加爛火法火（亦可）

中砲則用母砲發出　毒火（半斤）飛火（半斤）神砂（三合）

小砲則用手持擲去　毒火（三合）飛火（三合）神砂一合

鑽風神火流星砲式

狀圓如毬，中藏毒火，飛火法，火爛火等藥車堅末，為馬兩傍烙兩孔，分引四信於外，中車塞藥信，盤曲於中，以礬紙裹，信藏久不潮，用母砲發去，打入賊陣，墜地大震，則火燒砲擊矣。

九矢攅心神毒火雷銃

銃用精鎔銅鑄身長三尺八寸中藏九矢鏃上蘸虎藥簇則九矢齊飛穿心透骨勁不可禦中於人馬見血封喉立時而斃用此銃一柄足抵精兵九人

中藏堅馬　外發藥矢

鏃蘸虎藥

或蘸爛藥　或帶飛火

裝時下米一撮則箭不摇動

常弓一發一矢此銃一簇九矢故抵九人之用

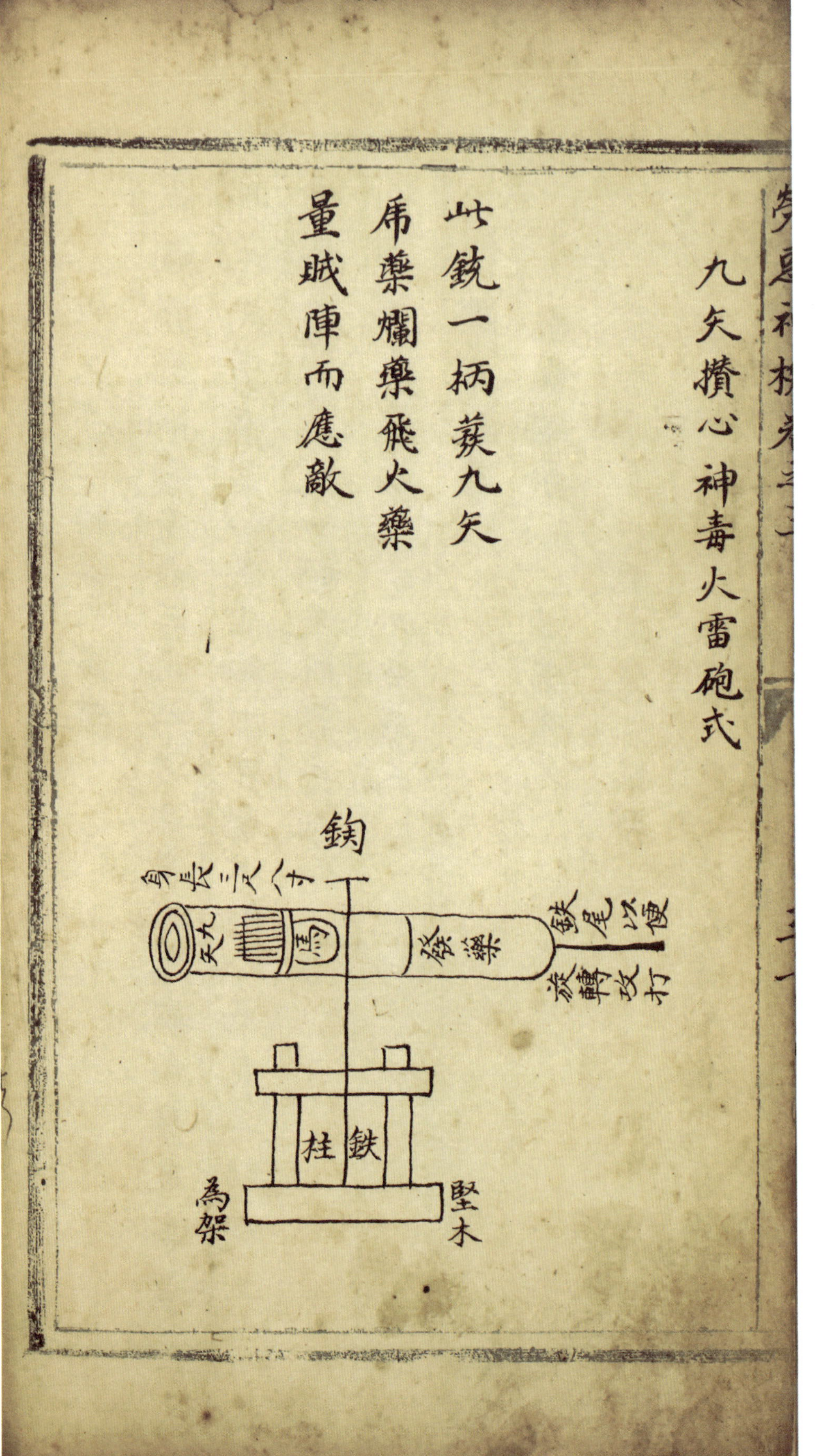

九矢攢心 神毒火雷砲式

此銃一柄簇九矢

用藥爛藥飛火藥

量賊陣而應敵

人面旋風吐霧轟雷砲

砲用生鐵鑄鑄中藏神烟法藥用母砲送入賊陣火發砲
碎霹靂一聲火光迸起砲鉄碎飛勁如鉛彈人馬俱傷乘
機而戰破之必矣或欲生擒或欲擊死隨機而用

一種用火毒　神砂　一種用烈火　磁屑
一種用飛火　神烟　一種用神火　神鋒
一種用法火　神烟　一種用爛火　神砂

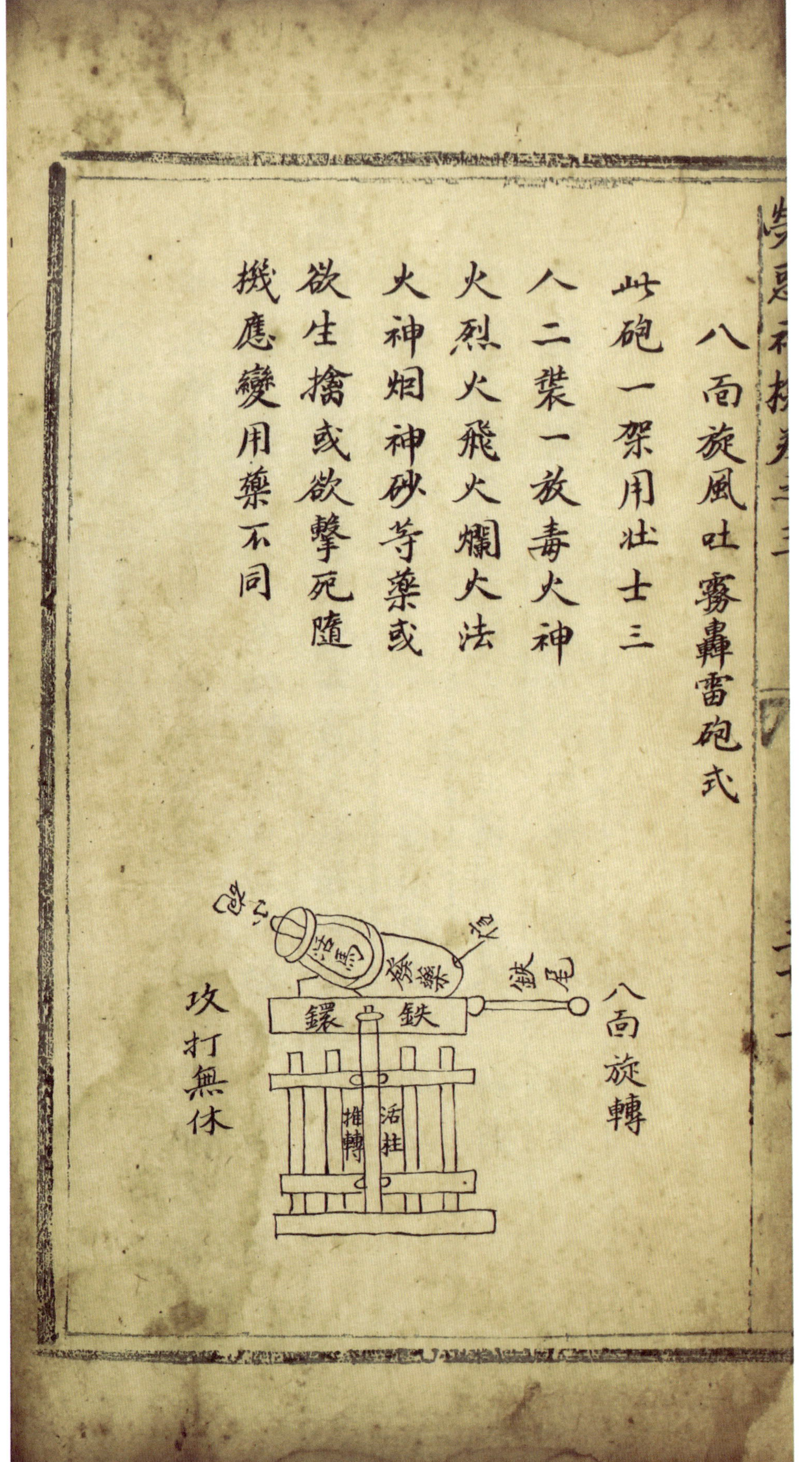

八面旋風吐霧轟雷砲式

此砲一架用壯士三人二裝一放毒火神火烈火飛火爛火法火神烟神砂等藥或欲生擒或欲擊死隨機應變用藥不同

無敵一高蜂火籠

籠用篾編兩耳用木籠口濶一尺二寸底濶六寸內㮶眼二個上㮶安於藥筒中間下㮶眼離底一尺兩眼上下相對一眼可安一箭寬狹得中上下各眼工十餘個內藏箭二十矢引線各歸揔出門用綿紙包蔴扎於籠門上以紙封固門口臨放方開此器能遠去四五百步水陸並用勢如破竹此火器中第一器也雖千乘萬騎莫敢當鋒

火籠式

篾蓋
連蓋長四尺
引線門可容手出入提引線方好
木耳
箭竿大頭安鵝翎小頭扎箭

単飛神火箭

銃用精銅鎔鑄筒長三尺容矢一根以竹為翎鏃蘸虎藥中藏堅馬用法藥三錢藥發箭飛勢若火蛇攻打三百餘步可貫數人穿心透腹與神鎗同用

単飛神火箭式

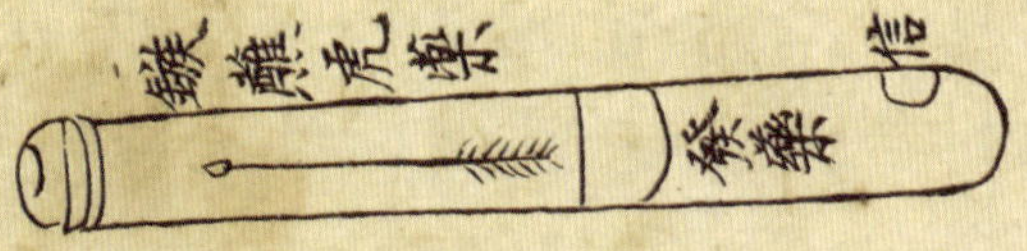

大火箭

造法用徑六七分荆木為柄長可五尺後稍三稜大鋇如箭矢頭用紙筒實以火藥如火箭頭長可七寸粗可二寸其法金鋒長五寸濶一尺或如劍形或如刀形或三稜如火箭頭若鎗形光崇芒利通計連身重二斤有餘燃火發之可去三百步大隊齊衝之賊中者人馬皆倒不獨穿而已凡有技材之物皆可架放

大火箭式

此居中穿扎

出箭根

此方向

飛鎗飛刀飛劍三種飛器其法即一大火箭

二虎追羊

箭桿長五尺一股三鏃，行火藥二筒，向鋼烈火藥一筩，向鏃共三筩，徑七分，長四寸五分，續於一桿上，發五百步，行火藥二筩，火滊後出，畢會至烈火藥，筩火出，能燒焚柵寨及燒敵船，及毀敵房舍，一人用之，則百人驚惧，大有妙玄，亦塗見血封喉藥，與返復火鎗，刀倍之。

七星箭

用竹七根，長四尺，徑八分，打通節内外，光淨，所用火箭桿長四尺五寸，鋼長四寸，藥筩長四寸五分，經一寸二分，黄

土封后一頭箭鏃長二寸三分四楞有槽塗見血封喉藥
離口四指半稱平尾用鐵釘作墜子務要稱得均平為則
箭七矢用箭七箭綑為一處用一皮子作盤子護手安箭
七矢子内藥信總頭能獲散騎摧挫鋒鋭之法疾騎難逃
有二百步力護手皮須漆下用皮兜子兜住免磨壞藥信

小一窩蜂

檀木捍子經二寸半捍紙筩長一尺三寸厚四分或用大
竹外以生皮裹住晒乾亦可頭上留大指一眼以紙塞住
用藥末并各件攪均打寔封固鄉於長鎗頭上火發三四

丈長鎗長一丈二尺此罷火蒺如群蜂相似敵人離我四五丈地先被此火并鉄石三色燒臉目不能睜我亦先勝四五丈地使敵不能前進此物參襍於步兵短刀長牌隊中為步下攻戰之寶也

藥方

硝一片　黄一两　杉木灰四两八錢　硃砂一两六錢為末　水銀四两鉛治過　石子每一個重三分　火彈子每一個重五分用火藥打成塊　生鐵蒺角每一個重一錢生鐵子每一個重一錢

鐵鋒箭

筩長四寸經一寸捍長二尺五寸心鏃長一寸五分倒鬚翎毛長三寸五分筩外用蔴索密綑一層糊紙封固后一頭鏇二寸八分深安鐵釘於后作墜子離口六指稱平便於馬上懸帶與火箭同用小巧便於收拾有三百步之功

流星砲

鎗捍用苦竹如小指長四尺五寸翎毛長四寸五分筩長五寸徑一寸鏃鎗倒鬚有槽可塗見血封喉藥長二寸五分脚長二寸筩打藥畢后安紙砲一箇與筩大小同長一

寸八分鎗中人馬后有砲鳴敵人驚駭馬驚跳躍乘亂致勝之術

迈滚火鎗

藥物制度同惟此筩打藥十分之七以紙隔斷一分厚打烈火藥滿畢以紙糊密封堅固藥信從內通至外滚通至內后仍錐眼安藥信畢面前錐三寸深離口六指稱平鎗尾倘輕用鐵作墜子安於鎗尾后務要斟酌子六指為則例中人后有四火倒出擅敢隊騎燒人馬焚錙蓄亦有二百步之力

交鋒棄馬

藥物制度與流星砲同後又安行火藥一箭長二寸扎法不能形容中人馬後行火藥箭自然落於地下滿地跳躍盤旋驚燒人馬使敵不暇安伕乘亂取勝

衆犬搏兔

藥物制度俱同交鋒棄馬惟此有小四箭安於行火藥箭兩傍鎗傷人外有四小箭滿地跳躍驚馬之術

猛犬離山鎗

藥物與將軍砲同用鐵匠打造上口經一寸深三寸下口

經九分下腹經一寸三分長二寸桿長三寸五分經一寸二分安木柄長四尺上口邊鐵匙長一尺二寸開縫容翎經八分箭桿長一尺五寸徑四分鐵鏃長一寸鐵翎長二寸五分此箭一蕟三百步之地若奔牛之勢透五馬之功用五千具能破十萬之衆

月落星隨砲

凡遇大敵若用大將軍砲如裝馬子鬆緊須是得宜上加大石隨口大小仍加生鐵鑄彈子三升於石砲上每一個重四兩仍以土塞裝於內至口欲攻敵以土布袋覆砲上

砲止於土挨點火一蔟石砲七百餘步弾子左右横占五十步之地卒遇危急不可救援方用之可突圍奪路使敵碎骸破馬此砲大破萬衆

飛空神雷

此制與前功稍同但用法則異耳　石不拘多少聽用淺有藥炒製亦用大起火藥送出敵營上帯砲竹二個到彼爆破[illegible]落其敵若神

藥方

一斗　燒酒五斤　好醋五斤入[illegible]内　草烏五斤

狼毒　巴豆　南星　川烏各四兩　共為咀沙鎬水煑至一半去滓再煮如餳却將　入內慢火炒將乾時再用砒硇硝灰銀銹子各四兩為末同炒柒時如法無不中矣

自傷砲

用鵓鴨子盛火藥外糊紙數重同鍋犁生鐵打碎如指面大以毒藥炒過沾於砲外又糊紙數重然後用極慢藥線長二尺許盤於毬上稍露其端外又糊紙數重飾以五彩砲索打入敵人營陣之中敵人看與不看線到火發敵自傷死

天火毬

此藥不用凡火以藥修合半斤可用不許透風必須地窨内合藥裝藥先將鷄鵝鴨子不拘多少頂上破一孔如豆粒大將清黄傾出務要洗浄晒乾每個入藥一錢碎磚如豆大同入塞滿方用白芨油汁紙封糊頂外又用沙泥和加柴灰固臍一層約半指厚遇敵人粮草輜重多載者擇風宿直日令軍士以繩扣打去彼處擊破殼藥見風日即成火也水亦難救宜攻上風勿攻下風防已受害也所謂風宿直日即角壁翼軫也凡舟筏草木之處皆可焚藥方另録

火[illegible]焰爆

大石狼毒草烏川烏南星半夏巴豆蛇床爛骨以上各等分共七斤熬水即以此水先化[illegible]大石溲入硇砂半斤砒霜五斤俱用火燒化開搓入成內令均細極乾裝紙盒內用大圓砲燂包之藥線露外仍用紙重護藥線要長盤於紙內晒乾外畫五色花草使敵人莫識每個重一斤許令士卒以繩扣打落敵人营陣之中爆破成起炎炎不息能傷敵人[illegible]鼻極驗之法也

尅敵武畧熒惑神機巻之三終

步戰獨輪車

其製以堅木爲架，長六尺，横三尺，前横梁鑿三孔安牌三面，其牌用堅板爲之。中作堅竿，排小張弓三把，帶弦挂綿絮氈之類。又用猪胞囊（胞囊：膀胱。）裝水，遇敵以水濕綿能禦箭彈。又造鐵環三個，安在前梁，仍以鐵耙三把，柄長二尺，穿在鐵環之内，臨陣以便任意擊截。又中横之間作一堅木車輪，活安在其孔中，而便任意縱横用之，况夜可以爲卧床，亦可以蔽風雨。造此數百輛爲步戰前鋒，賊豈能飛入哉！

步戰獨輪車式

神機方戟

其製以堅木爲根，做成上圓下方，又用堅木造小輪二個，用熟鐵打成槍一把、小雙連銃一對，安在棍竿戳賊。又用熟鐵造刀十二把，每把重一斤，仍用熟鐵綫作經、以牛皮條作緯，編成六片，然後安上，遇敵張開似傘形，刀箭不能入。俾設孔處任施一切銃彈、弓弩等器，人馬不能衝越。此禦敵利器。

神機方戟式

防彈藏器車

其製若今之獨輪車，内藏弓弩、銃炮，上用防牌遮護，路廣則以兩車相並，以横木貫之；路狹則取去其木，兩車以頭相向魚貫推之。其横木遇登山亦作雲梯之用，每車用車正一人、旗手一人、步兵十人、馬兵二人。

防牌藏器車式

神火箭、天罡銃、三元炮

子母百彈銃

此器用煉成熟鐵打造，母銃長一尺五寸，下用木槖柄，外再造子銃十枚，各長五寸，輪流抽換。管内裝鉛彈百枚，遇警放之，每管可傷百餘賊。造此千管能破數萬，此大軍中最利神器。

子母百彈銃式

神行破陣猛火刀牌

牌用生牛皮爲之，畫以龍物獸形，暗藏神火三十六個，藥信盤曲如法，列於陣前。兩軍相對，號旗一舉，號炮一鳴，齊滚而進。火噴二三丈，甲士持刀，上砍賊首，下砍馬足。用此牌一面，足抵强兵萬人。

猛火刀牌式

神陣火葫蘆

形類葫蘆，中爲銃心，藏彈一丸，葫内藏毒藥一升，用木爲柄，長六尺。用猛士一人持之，與火牌相間列於陣前，奮勇衝入賊陣，人馬俱傷，則我兵大利矣。

神陣火葫蘆式

倒馬火蛇神棍

棍用熟鐵打造，中空藏火，身長三尺，以木爲柄，長四尺。用勇士持之以衝馬陣，五器與强弩、硬弓相間，與賊近戰，火燒器擊，百戰百勝。

倒馬火蛇神棍式

百矢火箭

其製用紙做筒，貫以火藥，安置竹箭之上，外用篾編一大籠，中安火箭百矢，總一引綫，其火一發，百矢齊飛，可以焚賊巢，可以遏賊鋒。如止用九枝箭，即名爲九龍神箭。

百矢箭式　火箭式

毒火迷魂神砂火箭

此砂用紙捲筒，内藏神砂三兩及火炮，安箭上，箭上又安送藥。遇賊放之，炮響，神砂四飛，敵遇瞎眼，可以生擒。放時用竹筒管住，使無失手。

毒火迷魂神砂火箭式

無敵藏身火牌

間一塊做一匣，如諸葛箭箱，内藏藥箭十枝，如放箭之時，將牌起開，向前點着行火藥信，其火箭自去，箭發之後仍用牌滚進前，梟賊之首。

藏身火牌式

飛天神火毒龍槍

槍身長一尺五寸，或用銅熔鑄，或用鐵打造，中空，藏鉛彈一丸。槍鋒分兩開，長五寸五分，上蘸虎藥，兩傍縛毒火兩筒。與賊對敵，遠則撥鉛彈擊之，近則發毒火燒之，戰則舉槍刺之。鉛彈中藏利害穿心毒藥，着賊頃刻腐爛，虎藥傷賊立時而死。用此一柄，足抵强兵三人，一器三用，神捷無比焉。

飛天神火毒龍槍式

神機萬勝火龍刀

刀身長一尺五寸，或用銅鑄，或用鐵打造，中空，藏鉛彈一枚。刀分兩刃，長三寸，上蘸虎藥，兩傍亦縛毒火兩筒。與賊對敵戰法同，上砍賊首，下砍馬足。此刀一柄，足抵强兵三人，亦一器而三用也。

火龍刀式

毒火神磚

此磚亦以粗紙十四層造成磚樣，其蓋可開，裝藥後對同一引總通三處，内藏短箭二十矢，顛倒放，俱要引綫在中。地老鼠十五個，引寸半長；爆竹十五個，引半寸長，若一樣長恐地老鼠先發，故以爆竹先擊開磚也。短箭上引六寸半長，此緊開節要不可胡亂，内又藏明火五包、毒火五包、鐵蒺藜十個。爆竹俱放於四角，以便開磚。遇敵放火，能四開數十步，水陸並用。

毒火神磚式

七軍槍

其槍長一丈二尺，上下各安木盤一個，鑿眼七個在四傍，中心一眼以貫槍上，其眼空有半寸，中眼要一寸，方可安槍，其引會總如前。放完即取去木盤，用槍破敵。

七軍槍式

神火毒龍單箭

此箭内藥二樣，上段留毒藥，下段藥送箭。陸路能燒營寨，水戰能焚船篷，人人可帶隨身，臨放用竹筒管住。

神火毒龍單箭式

上安爛火、毒火、神火，下安送藥，每軍帶五枝。

諸葛箭箱

此箱木板厚四分，長三尺七寸半，兩頭共長一尺八寸（係空量），中間按板一塊，實釘隔斷，内闊六寸，高四寸，以空爲度。每頭安木眼二塊，每塊共眼十五個，分作三路。兩頭閉門板要抽得開，兩頭俱用鐵箍一個繫上，紮箱鐵環二個，釘於箱側，繫繩一條以便懸於肩上，引門開在底，兩頭各一個，離箭七寸，上面直板要抽得去，方好安箭。槅眼大小如箭一樣，箭在眼内轉得方好，不然則滯住不去。

諸葛箭箱式

火罐

其罐用磁瓦罐一個，内藏鐵蒺藜、飛火、神火、油火、明火、爛火、毒火，神炮。挨罐旁安地老鼠一個、明火一包、炮一個，依次裝轉中間。將要箭上下顛倒放，使引各在中，便於引火。未裝時，先將大引一修凑底安出，藥滿，以紙包麻紥。另用大紙一塊連灌口封固，止留孔引麻頭在外。臨放好取罐内老鼠及短箭，上引用寸半長、爆竹引止半寸長最爲緊要。攻則敗馬騎，守則護城池。

火罐式

滿地飛火球

此球用粗紙十四層，皆（皆：當爲『背』字誤，通『褙』。）成球樣。或以木車成空球亦可。或以泥脱成球樣，以紙背於上面，待乾用刀對半畫破脱出，兩邊裝成，先用引綫一頭穿透半邊之下，此頭牽往這邊穿過，裝成合蓋後，上眼内將引扯緊，以二層背過紙封固，合口處將紅油刷於上。

滿地飛火球式

短箭及地老鼠引止寸半長，爆竹引止半寸長。球内短箭：箭翎以薄銅剪成，球内藏短竹箭二十根，仍安尖鐵頭，用倒挂鬚，如釣魚鈎樣。地老鼠二十個、毒藥六包、爆竹七個、鐵蒺藜十個、明火六包，裝完將餘藥填滿，引綫將紙封固，待放方開。

翼虎槍

用五寸圍竹一根，長一丈五尺，根上安槍，如人手大。五股倒鬚長四寸，稍上安木翎三四，縛火筒三個，徑二寸長一尺，即前火槍藥離鏃一尺縛藥，住信合總，能上攻下用。火猫竹作發匙，勢如奔馬，有透壁之功。

逐人槍

竹筐長三尺八寸，圍五尺，箭桿長三尺五寸，鏃長一寸五分，鐵墜子一寸五分，内安井字，用火綫合繩，縛火箭十八矢於兩頭。以羊草縵筐外，紙糊兩頭，安行藥筒於内，露出兩頭於外。共分四道，每道止發一筒藥綫於一處，每頭次第滚動，能退上坡人馬。外藥信通於内藥信，火矢次第傷人射馬。用於山上向下，敵人見必開路分於左右，槍出時正射左右人馬，免人負送。若居山坡板被圍，用而破之。

打陣炮

藥與前將軍炮藥同，鐵匠打造鐵銃，如今之神槍形象。腹徑二寸五分，管長八寸，徑一寸三分，裝藥九分畢，將馬子送至銃腹口，邊上插木槍一根，長一尺四寸，徑一寸八分。鐵頭木翎鑿一大眼，横安小銃一個，裝緊實，藥信從下至上。槍去中人馬，後腹有小鐵銃左右傷人，敵賊安佚，用此擾之，劃策不專，若來相戰，則深知彼之無謀。挫鋭之法也。

鐵　屋

用榆槐木長一丈餘，前鋭後廣，上用好硬大桑榆木作梁，稍近下，仍以上所出頭之木，用繩作軟梁絞緊，左右少用麻索，板緣緊綳，又以牛皮縵定，開竅，則木石不能傷其屋，使其自然，左右削去。内帶火箭小一窩蜂利器，驅退山上之賊漸漸板緣，至近應兵維後，臨機致勝，則在乎主帥也。

打神槍

軍士祇知打神槍，更不知二三次後多有爆損軍士。且如以一百一十人爲率，前面以十人挾挨牌、執短刀、服甲冑，每一牌後隨十人，各執神槍，没後十人掌火槍及裝槍，凡事共一百二十人。舉號頭令，每牌後出一人於牌前，用舉號頭點火箭，去從牌前，各轉至第九人，復又舉號令，將牌後十人出於牌前，舉號頭點火，却放火箭槍畢，仍轉至先去十人之後。前去十人轉至後，各領大槍一枝，此第二次，十人又轉至第九人後。輪轉班次，第三次仍是火槍，第四次又是神槍。火槍、神槍變轉無窮，此爲凉槍之法。

槍　歌

一插槍，二燃綫，三裝藥，四下馬子，五下送子，六打三鎚，七插箭，八鉗槍，九聽喇叭號頭，銅鑼響，點火、箭放、吶喊，十聽棚鼓響轉後裝槍。

三虎槍

令鐵匠打造，鐵銃管長腹大，如今之神槍，一柄三管，其製倍小，亦要安馬子。送子仍安鐵頭木翎花箭三枝於三管内，三條藥信俱各會於中，一點火三矢俱發，與神槍無异。三矢易於獲賊人散騎，亦善攻步隊。

噴槍一把連

用猫竹一段，約長二尺五寸，打通節留底，下用黄土、上用鐵口、外用細麻索密繞一層，用濃礬水瀝於上。又用麻布料灰一層，曬乾，仍用麻布再上麻索一層，粗細瓦灰後上漆，却將半指厚鐵後照筒底大小安平。黄土實築二十。曬乾爲度，將各色藥拌均實，築畢，用隨大小一節二寸在口内，上加黄土築實，方安木桿鐵頭鐵翎箭，在口内插滿長一尺皮作護手盤子，下以木柄鐵箍三道，曬乾待用。

藥方

硝一斤，黄五兩，杉木灰四兩八錢，砒霜一兩六錢，朱砂三兩二錢，雄黄二兩四錢，水銀三兩二錢鉛治，大生鐵砂八兩。先下黄，碾極細，次下硝，徐徐入灰，碾爲末，曬乾復碾細聽用。

火車

以板作方箱，長四尺二寸，闊二尺，下二輪高三尺六寸，上載輜重等物。前有獸面板，開竅竪起，筐轉竪固，牛皮縵護。高二尺五寸，立板上安神器火槍等物。仍前面又安一板，亦牛皮縵裹根，上用轉抽，遇敵放下。前面一板上下遮人，便於放神槍，卒遇敵人可以作栅寨禦寇。倘有營壘車居於内，以氈蓋覆輜重火器，欲攻敵，去其輜重，大凡攻車欲輕便耳。

百鷹獲兔

筒長三寸八分，桿長三尺五寸，黄土封頭。以十分爲率，雖八分深，加鐵墜子，厚六指稱平。發筒四十九個，安此火箭四十九枝，藥信在發筒外，又以火筒安兩傍易於齊發，或車上或架上，或用人執，善破營寨、挫强〔虜〕、獲散騎，大破魚貫雁行之陣。

百虎齊奔

火箭一百矢，與流車内箭同。車輪高三尺六寸，車身長五尺，闊三尺，高三尺，内安鐵條百空，俱向前面出箭。流車有左右箭，此車欲左右射人，令掌車左右迎敵，即左右箭出，與流車仿佛。易獲散騎，此之流車大不同也。

連珠神槍

此製類大神槍，但以長筒，長一尺五寸安柄，内徑一寸五分，柄長三尺。内先裝藥，次下鐵彈子、安神槍。臨敵施發，其勢勇速，水陸兩便。舟馬徑過，如無彈子，鉛子亦可。

平底撥打車

用梯一根長六尺，短梯二，梯長二尺八寸。横桄（桄：門、几、車、船、梯、床、織機等物上的横木。）二根，長三尺二寸，上一共二十四根。横合二根，長四尺，上接連環刀八口，中安卧輪輻杈一個，下安輪二尺四寸。進戰則推之向前，退守則列爲營寨，亦兵家之要物也。

竹壁迎槍

用堅木劈作兩片，約二寸寬，先竪排一二十片，次横排十數片。用釘釘固。再内竪排一二十片，合外竪竹片縫，仍用釘釘在横竹片上，中留六孔，二大四小，周圍用堅竹或堅木作桄，兩邊製造二把手，横闊四尺，長三尺左右。用二人執持竹壁，前往衝敵，各隨二人，左使長槍鈎鐮，右使强弓勁弩；再用二人更迭轉遞；中用二人，一發神箭，一施火箭；後隨二人，輪轉遞槍箭。敵寇縱强，無所用力也。

借箭簾革

與製竹壁同，但簾革中留把手，類如虎頭牌様，通要合製造之。要先用一人左手執持此革，右手握利刃，後隨二人左發弓矢，右放火炮，各用二人更相轉遞。如敵寇來攻，任發弓矢，落簾革，百無一失，何箭不可借也。

龍噴珠

用火硝一斤、硫黄半斤、柳灰（柳灰：柳木燒成的炭粉。）半斤、石黄四兩、朝腦（朝腦：也稱潮腦，即樟腦。）四兩、砒三兩、雄黄二兩、黎鐵砂子五兩。用夾層紙製造如花筒様，將群藥入於筒內，製作一個花。再用鐵匠打一小銃，比花筒様略大些。此鐵筒厚而且長，花筒入內，如遇攻敵，用火點灼，三叠放施，其敵縱有三千人，共用二百筒，火龍竄身無它，自可生擒活捉矣。

飛礮炮

以鐵造如式，長一尺半，口徑二寸五分，下口小五分，上下（上下：此爲開頭處脱字。）〔下柄二尺五寸，內春火藥，外小鐵炮長四寸，口徑二寸五分，裝毒火藥、鐵渣爲滿，用夾紙糊口，藥線通於大銃，置之銃口，大銃一發，小銃自去，人馬中之，瞬息而斃。〕

此段原文缺失一頁并圖，據《火龍神器圖説》補，《武備志》卷一二三中也有飛礮炮一段，應抄自此書。缺失之文據《武備志》補。

〔吞陣蟒〕

圍五尺松槁，頂上用鐵或銅鑄蟒首，安在頂上，每松槁一丈鑿邪孔一百五十個，外三丈俱同此例，餘一丈上頭安蟒首，下頭開濠，架得車輪上。松槁近頂五尺之下安大鐵環三面三個，環内穿大繩，三面用軍士繫定，每一繩用軍士八人，三八二十四人。其車軸兩邊用大竿二根，横安攬木，每一凳用大駱駝二頭拽。此車上陣前去，其木孔内俱安鐵炮，每遇敵人，我陣前排此十數蟒，信火一發將前稍放出，其炮内藥箭、藥槍落人馬身上即死。此乃猛烈枯焦之陣，務要審地勢，不可輕用，慎之慎之！其松槁之上向外一面有三行孔，安鐵炮，内開二行壕安藥綫，内有總綫，一舉火而一蟒渾身齊舉矣。松槁上俱畫龍文，青黄緑色，象蟒之狀。

千子雷

此銃其勢可衝大敵，水陸皆可用也。用好銅造，長八寸，徑五寸，近腹處四寸，口徑七寸，後座長五寸，腹内裝藥用馬子塞緊，餘筒裝鐵子或二三升，用犁鐵打碎，不拘三尖四方，俱如圓眼大。其後在用藥木爲架，安縛令穩，置於四輪車上。遇大敵則放去，每一子中人，力能透甲，少沾其身，皮肉即爛。前用遮牌勿使敵見藥綫徑。

滅馬霞

用藥合成球，每個重四五斤，外用紙糊數層，再以白礬、黄蠟、瀝青裹之四五層，中通一孔，以錢大藥綫穿之，又貫馬繩丈餘以爲尾。以炮打入敵營，敵人聞其氣，人馬七竅出血，咽啞嘔吐，其陣自亂，乘勢擊之必大勝矣。

藥方另録

百矢弧

此槍矢出槍回，與神砂槍仿佛，但與前製不同。用瀝青製過紙筒，六個筒子與前起火筒徑一般，長五寸，連中心緊縛一處，又名七星槍。各裝炮仗在底，以木馬塞緊，每筒裝箭數枝，箭用老竹削，長五寸如弩箭頭，松香汁蘸過，火内炙乾，刮磨快利，其硬如鐵。抹藥在上，裝前筒内，七綫貫連。臨用量其遠近點放，七信齊着，矢石齊出，槍身仍回舊處，如做月牙鏟、三股叉、磨針槍等具，祇换前頭，後身未回皆同。

飛蜂箭

以鐵鑄大筒長一尺五寸，徑二寸五分，一半裝火藥，中用一圓木板，板上用箭數十枝如前製，裝鐵筒上節塞緊。用特放去，衆箭齊出，勢如蜂起，不可當也。

雷火鞭

用銅鑄空筒，長三尺二寸，柄長四寸，作一虎頭，筒内裝鉛子十餘枚，每一子重二錢，委大力之人用之，可透重鎧。遠則木子擊之，近則作鞭，用之兩便。

火葫蘆

用火硝不拘，便浸曬十次，又用燒酒浸曬十次，令乾用，再以福建竹帛包金紙罩張，燒灰存性，每紙灰一兩同前製，硝一錢，硫二錢，研細聽用。葫蘆一個，鋸兩開，照內打一銅葫蘆，以大銲（大銲：中國古代焊接金屬的一種辦法，明末《天工開物》：『凡焊鐵之法，西洋諸國別有奇藥。中華小焊用白銅末，大焊則竭力揮錘而强合之』。）銲在葫蘆外，以黑漆封合。藥以燒酒拌勻，裝葫蘆內實之，陰乾。用香二寸插入葫蘆內點灼，至藥處出火。用礬煮過葛根作屑塞口，其火可種一二月。如此製隨身帶之，用時取築，火出數尺，燒人燒馬，驚駭人馬，神術也。

又方

草紙四兩、朝腦二兩、白礬四兩，用燒酒煮曬九次，每次用酒一碗，酒乾爲度。乾燒紙灰存性，加朝腦二兩、松香三錢、硫黄一錢共爲末，入葫蘆內，荆條塞之，蘆以棉紙糊九層，入酒藥同煮二香聽用，如前法。

克敵武略熒惑神機卷之四終

尅敵武畧熒惑神機卷之四

近攻火器

步戰獨輪車

其制以堅木為架長六尺横三尺前横樑鑿三孔安牌三面其牌用堅板為之中作竪竿排小張弓三把帶弦掛綿絮毡之類又用猪胞囊柒木遇敵以水濕綿能禦箭弾又造鐵鐶三個安在前樑仍以鐵鈀三把柄長二尺穿在鐵鐶之内臨陣以便任意擊截又中横之間作一竪木車輪活安在其孔中而便任意縱横用之况夜可以為卧牀亦

可以蔽風雨造此數百輛為步戰前鋒賊豈能飛入哉

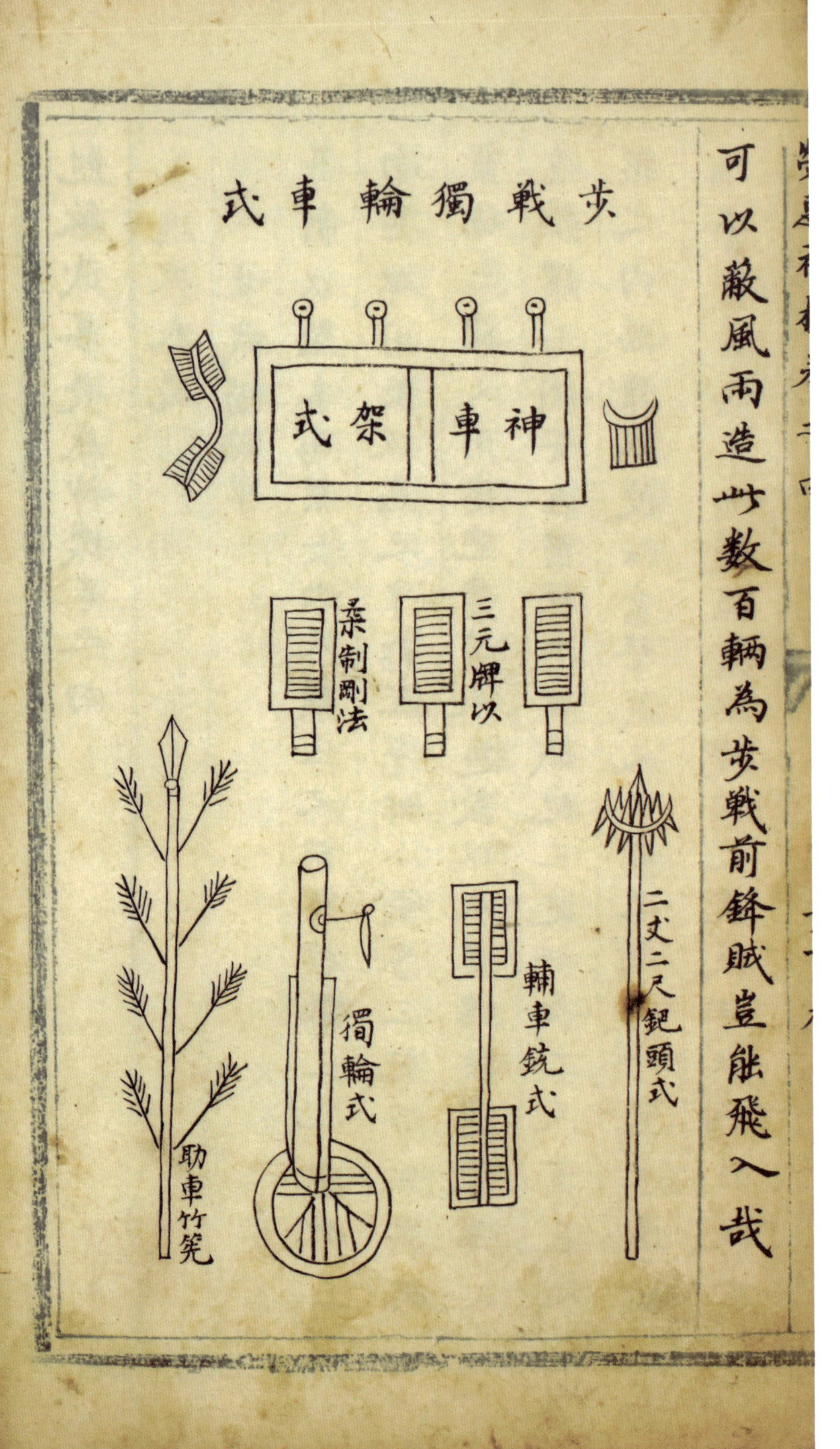

神機方戟

其制以堅木為棍作成上圓下方又用堅木造小輪二個用熟鐵打成鎗一把小雙連銃一對安在棍竿戳賊又用熟鐵造刀十二把每把重一斤仍用熟鐵線作經以牛皮條作縧編成六片然後安上遇敵張開似傘形刀箭不能入俾設孔處任施一切銃弊弓弩等器人馬不能衝越此禦敵利器

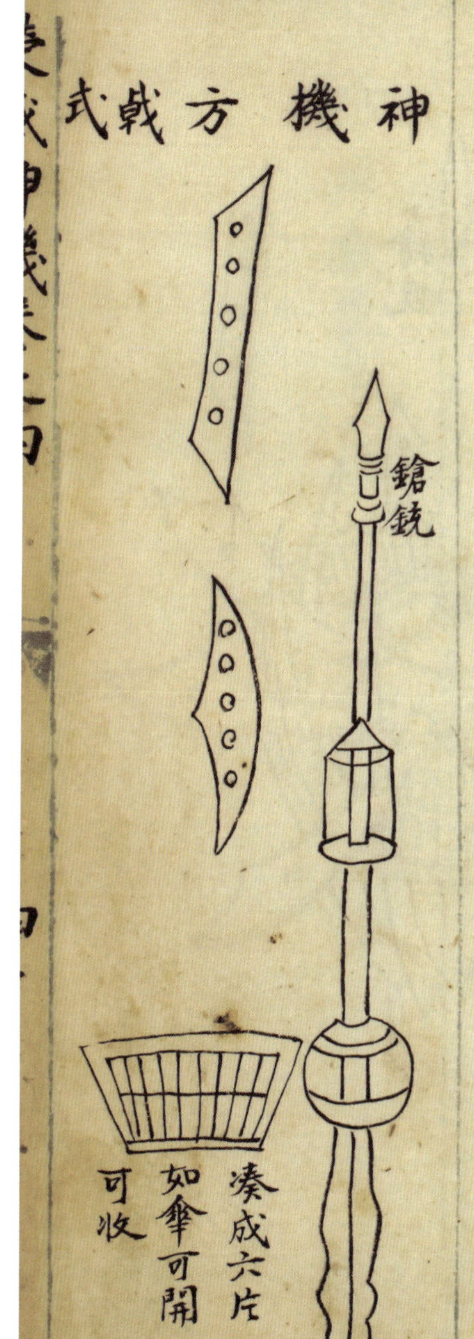

神機方戟式

鎗銃

防牌藏器車

其制若今之獨輪車內藏弓弩銃砲上用防牌遮護路廣則以兩車相並以横木貫之路狹則取去其木兩車以頭相向魚貫推之其横木遇登山亦作雲梯之用每車用車正一人旗手一人步兵十八人馬兵二人

防牌藏器車式

神火箭
天罡銃
三元砲

子母百彈銃

此器用煉成熟鐵打造母銃長一尺五寸下用木棗柄外再造子銃十枚各長五寸輪流抽換膛内裝鉛彈百枚遇警放之每膛可傷百餘賊造此千膛能破數萬此大軍中最利神器

子母百彈銃式

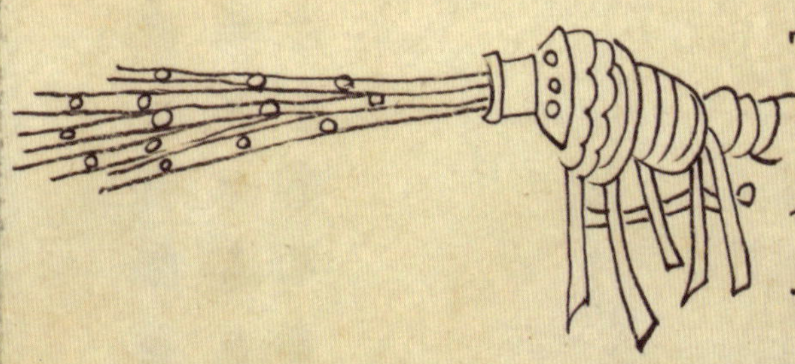

神行破陣猛火刀牌

牌用生牛皮為之画以龍物獸形暗藏神火三十六個藥信盤曲如法列於陣前兩軍相對號旗一舉號砲一鳴齊滚而進火噴二三丈甲士持刀上砍賊首下砍馬足用此牌一面足抵強兵萬人

猛火刀牌式

神陣火葫蘆

形類葫蘆中為銃心藏彈一九葫内藏毒藥一廾用木為柄長六尺用猛士一人持之與火牌相間列於陣前奮湧冲入賊陣人馬俱傷則我兵大利矣

神陣火葫蘆式

鋉信

鉤

倒馬火蛇神棍

棍用熟鐵打造中空藏火身長三尺以木為柄長四尺用勇士持之以冲馬陣五器與強弩硬弓相間與賊近戰火燒器擊百戰百勝

倒馬火蛇神棍式

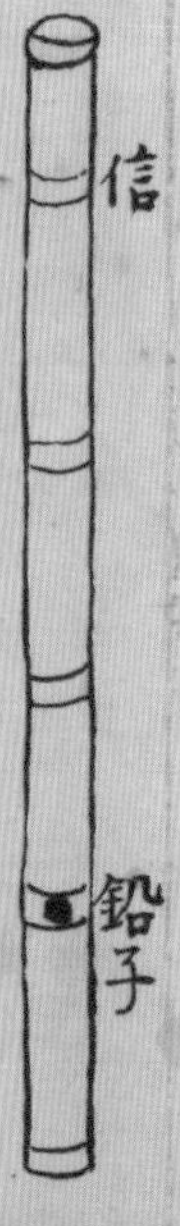

百矢火箭

其製用紙做筒寔以火藥安置竹箭之上外用篾編一大籠中安火箭百矢總一引線其火一發百矢齊飛可以焚賊巢可以遏賊鋒如止用九枝箭即名為九龍神箭

百矢箭式

火箭式

毒火迷魂神砂火箭

此砂用紙捲筒内藏神砂三兩及火砲安箭上箭上又安送藥遇賊放之砲响神砂四飛敵遇瞎眼可以生擒放時用竹筒晋住使無失手

毒火迷魂神砂火箭式

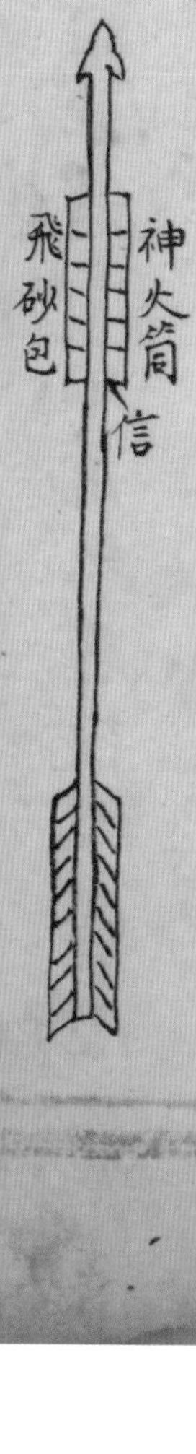

無敵藏身火牌

間一塊做一匣如諸葛箭箱內藏藥箭十枝如放箭之時將牌起開向前點着行火藥信共火箭自去箭發之後仍用牌滚進前梟賊之首

藏身火牌式

內藏火箭十枝
鐵索
銕索
麻繩
木

飛天神火毒龍鎗

鎗身長一尺五寸或用銅鎔鑄或用鉄打造中空藏鉛彈一丸鎗鋒分兩開長五寸五分上蘸虎藥兩傍縛毒火兩筒與賊對敵遠則撥鉛彈擊之近則焚毒火燒之戰則捧鎗刺之鉛彈中藏利害穿心毒藥着賊頃刻腐爛虎藥傷賊立時而死用此一柄足抵強兵三人一器三用神捷無比焉

飛天神火毒龍鎗式

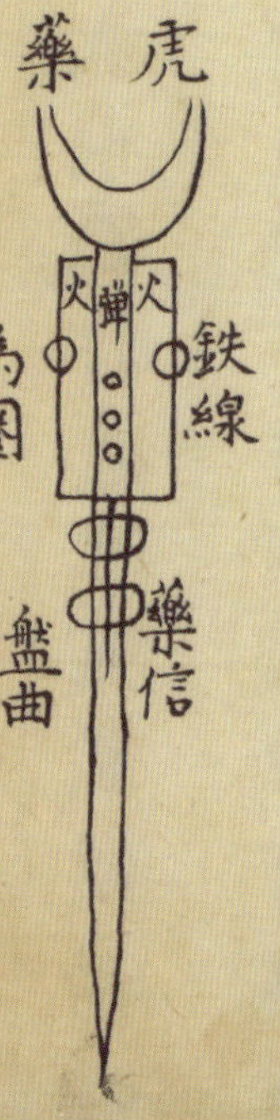

神機萬勝火龍刀

刀身長一尺五寸或用銅鑄或用鐵打造中空藏鉛彈一枚刀分兩刃長三寸上蘸虎藥兩傍亦縛毒火兩筒與賊對敵戰法同上砍賊首下砍馬足此刀一柄足抵強兵三八亦一踶而三用也

火龍刀式

毒火神磚

此磚亦以粗紙十四層造成磚樣其盖可開裝藥后對同一引捻通三處內藏短箭二十矢顛倒放俱要引線在中地老鼠十五個引寸半長爆竹十五個引半寸長若一樣長恐地老鼠先發故以爆竹先擊開磚也短箭上引六寸半長此繫開節要不可胡亂內又藏明火五包毒火五包鐵蒺藜十個爆仗俱放於四角以便開磚遇敵放火能四開數十步水陸並用

毒火神磚式

七軍鎗

其鎗長一丈二尺上下各安木盤一個鑿眼七個在四傍中心一眼以貫鎗上其眼空有半寸中眼要一寸方可安鎗其引會総如前放完即取去木盤用鎗破敵

七軍鎗式

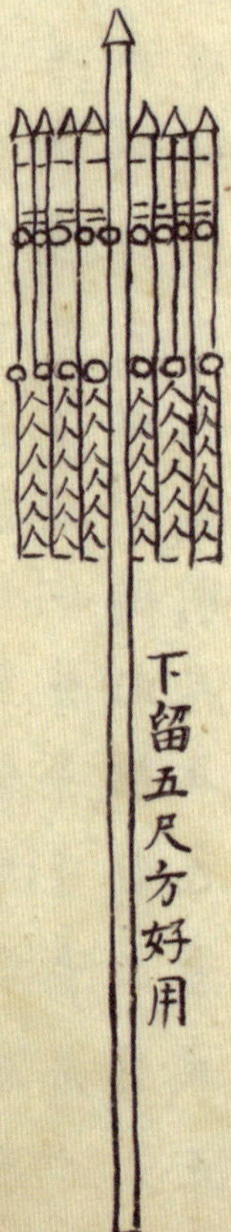

下留五尺方好用

上安爛火毒火神火下安送藥每軍帶五枝

神火毒龍单箭

此箭内藥二様上段留毒藥下段藥送箭陸路能燒營寨水戰能焚船篷人人可帶隨身臨放用竹筒管住

神火毒龍单箭式

諸葛箭箱

此廂木板厚四分長三尺七寸半兩頭共長一尺八寸係空量中間按板一塊寔釘隔断内濶六寸高四寸以空為度每頭安木眼二塊每塊共眼十五個分作三路兩頭閑門板要抽得開兩頭俱用鐵攂一個縻匕扎箱鐵鐶二個釘於箱側係繩一條以便懸於肩上引門開在底兩頭各一個離箭七寸上面直板要抽得去方好安箭搧眼大小如箭一樣箭在眼内轉得方好不然則滞住不去

諸葛箭箱式

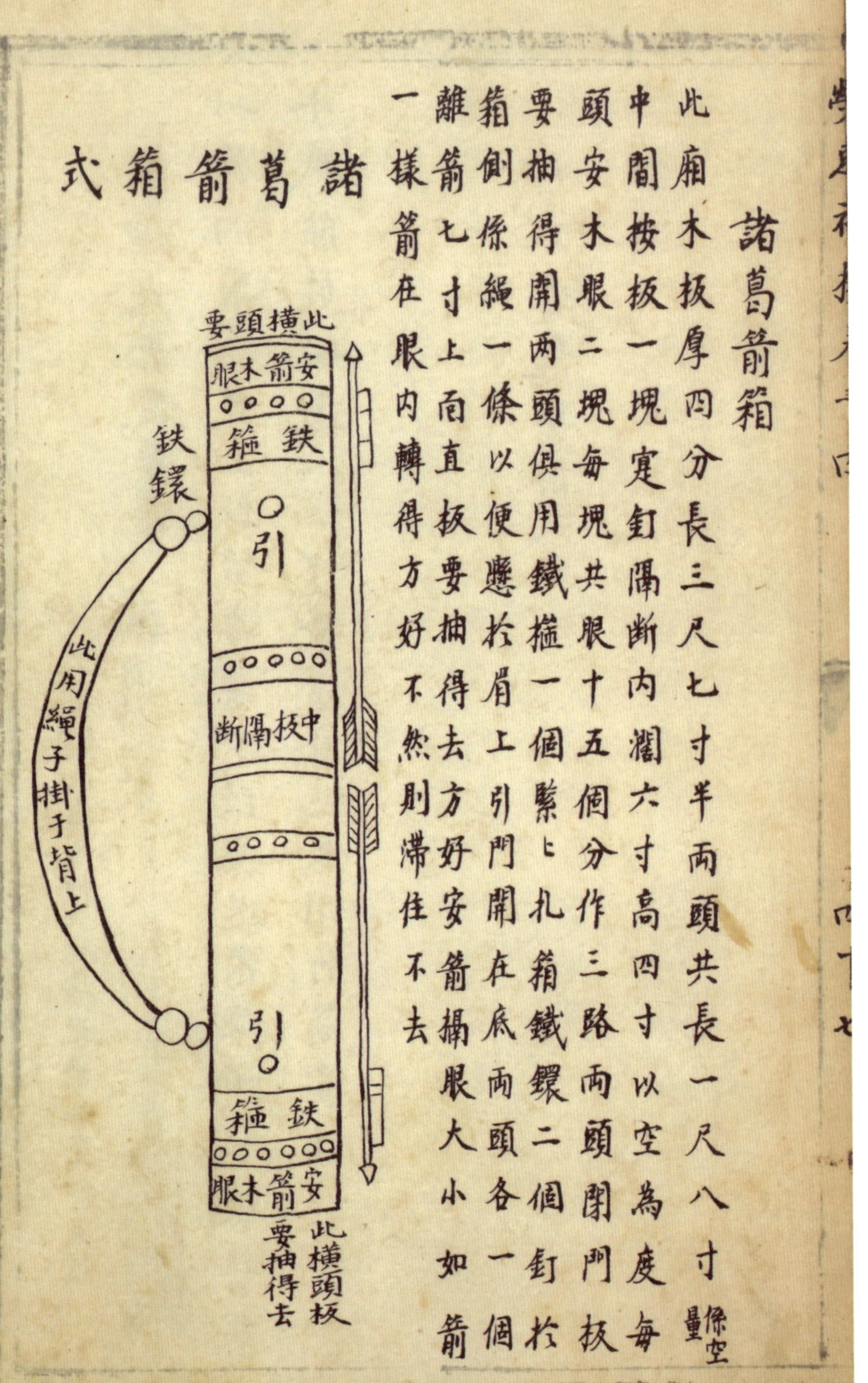

火罐

其罐用磁瓦罐一個內藏鐵蒺藜飛火神火油火明火爛火毒火神砲挨罐傍安地老鼠一個明火一包砲一個依次粧轉中間將要箭上下顛倒放使引各在中便於引火未粧時先將大引一條湊底安出藥滿以紙包麻扎另用大紙一塊連罐口封固止畱孔引麻頭在外縮放好取罐內老鼠及短箭上引用寸半長爆竹引止半寸長最為緊要攻則敗馬騎守則護城池

火罐式

滿地飛火毬

此毬用粗紙十四層皆成毬樣或以木車成空毬亦可或以泥脫成毬樣以紙背於上面待乾用刀對半畫破脫出兩邊粧成先用引線一頭穿透半邊之下此頭牽往這邊穿過粧成合蓋後上眼内將引扯緊以二層背過紙封固合口處將紅油刷於上

短箭及地老鼠引止寸半
長爆竹引止半寸長

滿地飛火毬式

毬内短箭

箭翎以薄銅剪成毬内藏短竹箭二十根仍安尖鉄頭用倒掛鬚如釣魚鉤樣地老鼠二十個毒藥六包爆竹七個鉄蒺藜十個明火六包粧完將餘藥填滿引線將紙封同待放方開

翼虎鎗

用五寸圍竹一根長一丈五尺根上安鎗如人手大五股倒鬚長四寸稍上安木翎三四縛火箭三個徑二寸長一尺即前火鎗藥離鏃一尺縛藥住信合撚能上攻下用大猫竹作發匙勢如奔馬有透壁之功

逐人鎗

竹筐長三尺八寸圍五尺箭桿長三尺五寸鏃長一寸五分鐵墜子一寸五分內安井字用火線合繩縛火箭十八矢於兩頭以羊草縵筐外紙糊兩頭安行藥箭於內露出

兩頭於外共分四道每道止絃一箭藥線於一處每頭次第滾動能退上坡人馬外藥信通於内藥信火矢次第傷人射馬用於山上向下敵人見必開路分於左右鎗出時正射左右人馬免人負送若居山坡极被圍用而破之

打陣砲

藥娂前將軍砲藥同鉄匠打造鐵銃如今之神鎗形像腹徑二寸五分管長八寸徑一寸三分裝藥九分畢將馬子送至銃腹口邊上插木鎗一根長一尺四寸徑一寸八分鐵頭木㭴鑿一大眼横安小銃一個裝緊寔藥信從下至

上鎗去中人馬後腹有小鉄銃左右傷人敵賊安佚用此
挽之劃策不專若來相戰則沒知彼之無謀挫鋭之法也

鐵屋

用榆槐木長一丈餘前銳後廣上用好硬大桑榆木作梁
稍近下仍以上所出頭之木用繩作軟梁絞緊左右少用
麻索板縁緊綳又以牛皮縵定開竅則木石不能傷其屋
使其自然左右削去内帯火箭小一高蜂利罷驅退山上
之賊漸〻板縁至近應兵維後臨機致勝則石乎主帥也

打神鎗

軍士只知打神鎗更不知二三次後多有爆損軍士且如以一百一十人為率前面以十人挟挟牌執短刀服甲冑每一牌後隨十人各執神鎗後後十人掌火鎗及裝鎗九事共一百二十人舉號頭令每牌後出一人於牌前用舉號頭點火箭去從牌前各轉至第九人後又舉號令將牌後十人出於牌前舉號頭點火却放火箭鎗畢仍轉至先去十人之後前去十人轉至後各領大鎗一技此第二次十人又轉至第九人後輪轉班次第三次仍是火鎗第四次又是神鎗火鎗神鎗變轉無窮此為涼鎗之法

鎗歌

一揷鎗二撚線三裝藥四下馬子五下送子六打三鎚七揷箭八鉗鎗九聽咧咧號頭銅鑼响點火箭放吶喊十聽棚鼓响轉湲裝鎗

三虎鎗

令鐵匠打造鐵銃管長腹大如今之神鎗一柄三管其制倍小亦要安馬子送子仍安鐵頭木鋼花箭三枝於三管內三條藥信俱各會於中一點火三矢俱蔟與神鎗無異三矢易於獲賊人散騎亦善攻步隊

噴鎗一把連

用貓竹一段約長二尺五寸打通節留底下用黄土上用鐵口外用細蔴索密統一層用濃礬水灑於上又用蔴布料灰一層晒乾仍用蔴布再上蔴索一層粗細尾灰湠上漆却將半指厚鐵后照筩底大小安平黄土寔藥二十晒乾為度將各色藥拌均實藥畢用隨大小一節二寸在口內上加黄土築實方安木捍鐵頭鐵鋼箭在口內插滿長一尺皮作護手盤子下以木柄鐵箍三道晒乾待用

藥方

硝一斤　黄五兩　杉木灰四兩八錢　砒霜一兩六錢
硃砂三兩二錢　雄黄二兩四錢　水銀三兩二錢鉛治
大生鐵砂八兩　先下黄碾極細次下硝徐徐入灰碾為
末晒乾復碾細聽用

火車

以板作方箱長四尺二寸濶三尺下二輪高三尺六寸上
載輜重等物前有歕面板開竅豎起筐轉豎固牛皮縵護
高二尺五寸立板上安神器大鎗等物仍前面又安一板
亦牛皮縵裹根上用轉抽遇敵放下前面一板上下遮人

便於放神鎗卒遇敵人可以作柵寨禦冦倘有營壘車屋於內以氊盖覆輜重火器欲攻敵去其輜重大凡攻車欲輕便耳

百鷹獲兎

箭長三寸八分捍長三尺五寸黄土封頭以十分為率雖八分深加鐵墜子厚六指稱平發箭四十九個安此火箭四十九枝藥信在發箭外又以火箭安兩傍易於齊發或車上或架上或用人執善破營寨挫強、獲散騎大破魚貫雁行之陣

百虎齊奔

火箭一百矢與流車內箭同車輪高三尺六寸車身長五尺濶三尺高三尺內安鐵條百空俱向前面出箭流車有左右箭此車欲左右射人令掌車左右迎敵即左右箭出與流車彷彿易獲散騎此之流車大不同也

連珠神鎗

此制類大神鎗但以長捅長一尺五寸安柄內徑一寸五分柄長三尺內先裝藥次下鐵彈子安神鎗臨敵施發其勢勇速水陸兩便舟馬徑過如無彈子鉛子亦可

平地撥打車

用梯一根長六尺短梯二梯長二尺八寸撗扰二根長三尺二寸上一共二十四根橫合二根長四尺上接連環刀八口中安卧輪輻杈一個下安輪二尺四寸進戰則推之向前退守則列為营寨亦兵家之要物也

竹壁迎鎗

用堅木劈作兩片約二寸寬先竪排一二十片次横排十數片用釘釘固再内竪排一二十片合外豎竹片縫仍用釘釘在撗竹片上中留六孔二大四小周圍用堅竹或堅

木作扰兩邊制造二把手横濶四尺長三尺左右用二人執持竹壁前往冲敵各隨二人左使長鎗鈎鐮右使強弓勁弩再用二人更迭轉遞中用二人一發神箭一施火箭後隨二人輪轉遞鎗箭敵寇縱強無所用力也

借箭藁草

與制竹壁同但藁草中留把手類如虎頭牌樣通要合制造之要先用一人左手執持此草右手握利刃後隨二人左蔟弓矢右放火砲各用二人更相轉遞如敵寇來攻任發弓矢落藁草百無一失何箭不可借也

龍噴珠

用火硝一斤　硫黄半斤　柳灰半斤　石黄四兩

朝腦四兩　砒三兩　雄黄二兩　黎鐵砂子五兩

用夾層紙制造如花筒樣將犀藥入於筒內制作一個花

再用鐵匠打一小銃比花筒樣畧大些些鐵箭厚而且長

花筒入內如遇攻敵用火點灼三疊放施其數縱有三千

人共用二百筒火龍竄身無它自可生擒活捉矣

飛礞砲

以鐵造如式長一尺半口徑二寸五分下口小五分上下

圍五尺松槁頂上用鐵或銅鑄鏻首安在頂上每松槁一丈鑿卯孔一百五十個外三丈俱同此例餘一丈上頭安鏻首下頭開濠架得車輪上松槁近頂五尺之下安大鐵環三面三個環内穿大繩三面用軍士係定每一繩用軍士八人三八二十四人其車軸兩邊用大竿二根攅安攙木每一凳用大駱駝二頭拽此車上陣前去其木孔内俱安鐵砲每遇敵人我陣前排此十數鏻信火一發將前稍放出其砲内藥箭藥鎗落人馬身上即死此乃猛烈枯焦之陣務要審地勢不可輕用慎之慎之

其松槁之上向外一面有三行孔安鐵鉋內開二行壕安

藥線內有提線一舉火而一鱗渾身齊舉矣松槁上俱画

龍文青黄緑色象鱗之狀

千子雷

此銃其勢可衝大敵水陸皆可用也用好銅造長八寸徑

五寸近腹處四寸口徑七寸後座長五寸腹內裝藥用馬

子塞緊餘桶裝鐵子或二三升用犁鐵打碎不拘三尖四

方俱如圓眼大其後在用藥木為架安縛令穩置於四輪

車上遇大敵則放去每一子中人力能透甲少沾其身皮

肉即爛前用遮牌勿使敵見藥線徑

滅馬霞

用藥合成毬每個重四五斤外用紙糊數層再以白凢黃蠟瀝青裹之四五層中通一孔以錢大藥線穿之又貫馬繩丈餘以為尾以砲打入敵營敵人聞其氣人馬七竅出血咽啞嘔吐其陣自亂乘勢擊之必大勝矣

藥方另録

百矢弧

此鎗矢出鎗回與神砂鎗彷彿但與前製不同用瀝青製

過紙筩六個筩子與前起火筩徑一瓿長五寸連中心縏縛一處又名七星鎗各裝炮熢在底以木馬塞緊每筩裝箭數枝箭用老竹削長五寸如弩箭頭松香汁蘸過火内炙乾刮磨快利其硬如鐵抹藥在上裝前捅内七線貫連臨用量其遠近點放七信齊着矢石齊出鎗身仍回舊處如做月牙鏟三股叉磨針鎗等具只换前頭後身未回皆同

飛蜂箭

以鐵鑄大捅長一尺五寸徑二寸五分一半裝火藥中用

一圓木扳扳上用箭數十枚如前製裝鐵桶上節塞緊用特放去衆箭齊出勢如蜂起不可當也

雷火鞭

用銅鑄空桶長三尺二寸柄長四寸作一虎頭桶内裝鉛子十餘枚每一子重二錢委大力之人用之可透重鎧遠則木子擊之近則作鞭用之兩便

火葫蘆

用火硝不拘便浸晒十次又用燒酒浸晒十次令乾用再以福建竹帋包全紙单張燒灰存性每紙灰一兩同前製

硝一錢硫二錢研細聽用葫蘆一箇鋸兩開照內打一銅
葫蘆以大銲銲在葫蘆外以黒漆封合藥以燒酒拌匀裝
葫蘆內實之陰乾用香二寸插入葫蘆內點灼至藥處出
火用　砦煑過葛根作胥塞口其火可種一二月如此製
隨身帶之用時取藥火出數尺燒人燒馬驚駭人馬神術
也

又方

草紙四兩朝腦二兩臼砦四兩用燒酒煑晒九次每次用
酒一碗酒乾為度乾燒紙灰存性加朝腦二兩松香三錢

硫黄一錢共為末入葫蘆内荆條塞之蘆以棉紙糊九層

入酒樂同煑二香聽用如前法

尅敵武畧熒惑神機卷之四終

克敵武略熒惑神機卷之五　水攻火器

攔火神行衝敵飛蓬

凡水戰之製莫要於蓬帆，何也？陸戰皆實地，設有不虞，再謀生路，以江湖河海之間四面波濤，蓬帆一着火藥，則三軍之命休矣。必用晋礬、海汁、脂蜜熬爲水，用竹篾、箬葉浸漬，再浸再曬，務令極透，編織蓬帆，則火箭、火球沾染不着，吾兵可保無虞，而追可克敵也。

晋石（晋石：晋州所産的白礬。$KAl(SO_4)_2 \cdot 12H_2O$。）一斤，出山西，透明者佳。脂蜜（脂蜜：鯨魚脂肪熬製品。）三斤，出閩地者佳。烏梅一斤，俱熬水，再浸再曬，試以染火爲度。每幅仍用礬水和朱漆、黑漆（黑漆：中國傳統生漆。）大書『飛龍天兵』爲號。

飛蓬式

神飛獨角火龍船

陸戰用車騎，水戰用舟船，一定之制也。艨艟戰艦，《武經》（《武經》：即《武經總要》，宋代著名的兵器著作。）自有圖式，惟此船之製狀類海泊，周圍以生牛革爲障，或剖竹爲笆用此二者以當矢石，上留銃眼、箭窗看以擊賊。上、中、下分爲三層，首尾設暗倉以通上下，中層鋪以刀板、釘板，兩傍設飛槳。乘浪排風往來如飛，募四人以爲水手。遇賊詐敗，弃而與之，精兵暗伏下倉，泅人赴水而走，待賊登船，機關一轉，賊皆翻入中層刀釘板上，生擒治縛，雖懦夫病婦亦可就而戮之，况於兵乎！若衝入賊船隊内，兩傍暗伏火器百十餘件，左衝右突勢不可擋。此船一號足抵常船十號，宜得人也。

神飛獨角火龍船式

賺賊上船，兵伏下倉，撥機轉木，賊皆翻入中層刀釘板上，活縛生擒衝陣則火齊發。

八面神威風火炮

炮用精銅熔鑄，長三尺，後爲燕尾，下爲木架，另鑄提心五枚，每炮一架用兵二人，一放一裝。八面旋轉，攻打不絶，最利之器也。中藏鉛彈，發藥遠則攻打二百餘步，近則攻打一百餘步，遇人則穿心透腹，遇船則徑透木板。遠近之機，在低昂之間，發藥之多寡係鉛彈之重輕，水戰中遠擊之器最利者莫過於此。此炮足堪實用，即中藏火箭亦無不可。

八面神威風火炮式

衝入賊船隊内，八面旋轉，攻打無休，一炮可透數人，下打船底，板碎水滿船沉，不勞餘力，而賊可擒也。

火龍吐焰神球

用柔篾編造，圓滚如球，可容火藥一升，用神火、飛火相合，厚紙糊裹，將松脂溶化薄塗周圍，以細繩爲絡，使膂力大（大：係後加。）勇士持之，約離賊二三丈許，飛空擲入賊船，則火光四起以亂賊心。球藏法藥，用神火、飛火相合，主燒船；用毒火、烈火相合，主傷賊。隨機而用火，則萬戰而萬勝也。

火龍吐焰神球式

令壯士持之擲於賊船上，燒船則裝神火、飛火，立時起火；燒賊則裹毒火、烈火，立時噴血而死。

水底龍王炮

炮用熟鐵打造，用木簰（簰：音牌，同『箄』，筏子。）載之，其機巧在於藏火刻香爲度，按時而發，或一更或二更，準定香限，香到信發，時刻不差。量賊船泊處入水淺深，將重石墜之，黑夜順流放下，香到火發，炮從水底擊起，船底粉碎，水入賊沉，可坐而擒也。應用法物：火鉛彈重四五六斤，發藥或一斗，中脬爲包硝，羊腸爲串氣，鵝鷹翎爲浮，覆以萍草葦葉，炮發船碎，船碎賊沉。

水底龍王炮式

炮上縛香爲限，香到信發，注定時刻，裹以生脬而不通氣，則火悶死，通以羊腸硝過，大如粗絲綫而用以鵝雁翎爲浮，隨波浪上下，則水不入而火不死。其機之玄妙如此，不可輕泄。

飛天噴筒神火焚舟

其筒以竹爲之，用硝黄、樟腦、松脂、雄黄、砒霜以分兩法裝打成餅，修合。又用羊糞曬乾，以松脂爲衣和前藥餅進筒，四塞築實。遇警用之焚舟。可高十數丈，遠三四十步，徑粘帆上如膠，立見帆燃莫救。火器之妙不可盡言，凡用火器須看風色。

飛火噴筒式

赤龍焚舟

其製以木爲之，舟形像龍，分作三層，内藏神器火具。蓋頭作成龍首，口開容兵一名，窺賊動静。蓋背用竹片，菱角釘釘之，宜密勿稀，實使堅確爲最。上蓋胸開一小門，用鐵板爲户，中層之船於中間開以井口，以通走動，舉發火器，兩傍用兵二名使槳。又用堅木造兩架，撐起舟蓋，便使火器。舟底造龍骨，中空，用機栝以鐵墜之，風濤不能沉溺。此舟頭竪一桅帆，前開一窗，用兵一名掌舵，以觀水道。又用二名掌火具，二名輪使槳。若造此數百隻，渾如赤龍游於江河，待賊船將近岸時，舟中暗機一動，神火、毒烟、神箭、飛弩一齊發起，燒其賊船，百萬賊悉焚溺矣。豈非海上一奇功哉！

赤龍焚舟式

海鶻泛舟

海鶻船類沙船，名沙鶻鷹，以其搏擊疾速捷於諸船也。船形類頭低尾高，前大後小，如鶻鳥之狀，長闊相稱，艙肚要深，方堪重載。船底要平，使風方穩。俗言鷄胸尖底者，非船底尖也。舷上有龍膀，有船底下另造一溜尖底，方可破浪。另加夾舵，舵扇懸於遮波之外。有夾舵傍護，浪不衝擊船左右。兩傍置浮板爲破水，板形如鶻鳥兩翅，其妙在此，雖風浪漲天可免傾側。故黄河風大，舟人用披水板亦此意。船背上左右張生牛皮爲城牙旗、金鼓，亦如戰船之製。

海鶻泛舟式

水裏藏火焚舟

其製用紙捲卷筒，實以火藥，外用紙糊爲禽、爲魚、爲豚、爲獸之類。約離賊船數丈，使兵執去水中四散浮泛，炮擊烟迷，賊奴股慄。留節空竹管，隨器長短，不可露出。作孔，透綫在火器之腹。凡火器一件，其子母銃藥綫之處，用細竹管一個直插於腹内至底，藥綫安於竹管之内，待外點火燃綫已入竹管之內不見，方纔擲下，則綫在竹內燃至竹底，方透火器，擲下之時則藥綫在竹內燃，并無閃滅之慮。且擲於賊舟，衹見凝然一物，并不知點燃何處；就擲在水內，則綫燃於腹，火氣衝於口，水爲氣所逼亦不能入，雖在水底尤能燃放而後已。如要速燃，不必纏盤，俱止入竹管腹內，亦口上止留一綫路點火。此炮名曰水炮，如碟大，用火藥裝檀木心內，外用鐵球中空，內用木心裝藥綫築實，放在水內，遇船打穿。

水裏藏火泛（焚）舟式

四十九矢飛簾箭

右編篾爲籠，約長四尺，糊以紙帛，中藏四十九矢，以薄鐵爲鏃。捲紙爲筒，長二寸許，前裝燒藥，後裝催藥，縛鏃上。順風發去，勢如飛蝗，釘掛蓬帆，頃刻火熾，賊心驚懼，破之必矣。

〔四十九矢飛簾箭式〕

翻江混海飛波神甲

水戰之具固多，而甲胄之製猶要用油絹爲裏，鉋板爲甲，砌如龍鱗，或以鵝鷹翎編叠爲甲，浮行水面，駕浪乘風頃刻數十里，而長江大河之險不足慮也。若淺伏者，用銀打造物法，長二寸五分，上分兩管塞於鼻竅，下合一管彎曲入口中，使口鼻之氣上下往來，則水不隨呼吸而入。仍用椰瓢漆黑以護腎囊，將帛帶緊縛腰間，再用漆絹以裹，脚底蓋緊。與涌泉入水甚紅，如惡魚毒物望光而來，斯傷其命，護之則光不現，而害可免，亦水戰之必用者也。如鹹水則眼不能開，人不可入矣。

翻江混海飞波神甲式

飛空滑水神油

右用鵝鴨鷄蛋清，去其黄，和以桐油，復將前油或用瓷瓶裝灌，令滿裝其口，以細繩爲絡，使膂力勇士持之，約離賊船二三丈許擲入賊船，到處流溢，以風波洶涌，流滑不可立，兵器不可施，況油沾船板遇火易焚，固雖微法小技，而取勝之功則大矣。我兵用火器以攻之，無有不敗者矣。

飛空砂

此砂製度不一，水陸皆可用也。取河内流出細砂，類玉田砂〔玉田砂：古代磨玉所用的細砂，相傳産自玉田（河北玉田）的最好。〕者佳，每斗用藥一斤炒過，次以神火槍自空送去，能令瞎敵人眼目也。槍用薄竹片爲身，用起火二筒交口顛倒縛之，連長身通七寸，徑一寸五分，苧麻纏綁一處，前筒口向後，後筒口向前，此爲來去之法也。前用炮竹一個，長七寸，徑七分，安在前筒頭上，藥綫置起火筒内，外用三四層夾紙作一圈筒，連起火糊爲一處，炮竹外圈内裝前製過沙，封糊嚴密，頂上用薄倒鬚槍，如在陸地不必用此。放時先點前後起火藥綫，用大竹節作溜子照敵人放去，刺彼船上，彼必齊救，信至炮仗，砂盡落下，每一星入人眼内，痛如錐剜不可忍，即瞎無救。彼既不敢救，信至後桶，其船即焚。如在陸戰放去，炮破砂盡，槍身自回，敵人莫識。

净江龍

以竹爲筒，徑一寸三分，長一尺，外加紙糊繩紮，又以油紙數層爲皮，先以緊藥打一節，後以慢藥打一節，次第打藥緊慢，共八節。打滿藥，以黄土打五分，外加以蠟汁封固兩頭堅畢，上用杉木作浮子，頭上用藥信。細作欲泛水中，劫敵船之錨纜鑿底，欲致勝，須先將水用此净江龍治過，恐水中有毒鮀、魟、鯊、豚等類傷害細作，不能應期取勝，水獸遇此毒水則遠遁。

緊藥方：硝一斤，硫四兩八錢，杉灰四兩，砒霜一兩六錢，硇砂八錢，朱砂四兩水飛過，水銀四兩鉛製，各爲細末聽用。慢藥方：硝一斤，硫六兩二錢，㭎煤四兩，砒霜八錢，硇砂八錢用水飛過，朱砂四兩，水銀四兩鉛製，雄黄四錢八分，共爲極細末聽用。

水中雷

用渾脱羊皮紥縛四足，内外用桐油油過，裝將軍炮在内，藥信眼傍縛羊腸，以蠟汁封固，一頭以打通竹節，料水深淺用竹長短。又紥於羊皮項中，仍以蠟汁封固，用浮於水上，人頭上頂香球貯火在内，手抱渾脱羊皮游水，將近敵船，將炮安於賊船之下點火，從竹内通至火炮藥信眼内，其人速離此處。火發，其炮自然將賊船之底打破。先以繩繫炮，炮響後以繩拽歸我船。

陰陽鑽

鐵匠打造鐵筒，徑二寸三分，内安烈火藥，紙筒用油紙作皮，傍有一鐵梃長五寸，頭上有油扒利齒，闊三寸半，烈火藥筒火出燒船。近水之處焦黑，用鐵匙頭且燒且磨。恐賊知覺，我可於近處，夜以燈火、銃炮、響器雜其耳目，燒通則船立沉，可擒賊矣。

金鎖匙

鐵匠打造鐵筒，徑二寸五分，長七寸，内裝烈火藥一筒，鐵筒口上一鐵葉，圍口十分之四，厚五分，內一鈌長七寸。頭上亦一管，然下口管長三寸，頭尖處一管，口徑一寸二分，下管長三寸，安木柄，空缺中可燒錨纜，待臨船之際，用銅斧劈之立斷矣。

火龍炮

打法與小一窩蜂並同，徑二寸，長八寸，外用油紙數重作皮，頭尾俱用蠟汁封固二筒聽用。又打行火藥二筒，亦蠟汁封固聽用。杉木長一丈二尺，將大頭鋸去一半，約一段五寸長，將行火藥二筒向後，烈火藥二筒向前，縛在杉木鋸處。藥信白火藥後會通至烈火藥頭處，以油紙蠟汁封固緊，防水濕之患。行火藥筒口邊鏇出上路，易於出火，露出木頭，削尖，安鋒利倒鬚槍頭，旁安猪尿胞二個作浮，後用鐵箍沉水，挑起頭來安水上，照賊船篾法發去燒之。

藥方（即烈火藥）　硝一斤，黄四兩，杉灰四兩，砒霜一兩六錢，生鐵米砂一斤拌匀聽用。

水葫蘆

用竹篾作筐，内空，徑一尺，外面徑通共三尺四寸，圓其形如虎鐺之狀。先用棉紙厚糊數十層，用生熟二桐油透過，再用生羊皮縵裹訖，用生熟桐油□（□：原文空白，疑爲『透』。）畢，待乾用。細作套在腋下，布帶拴住，大風浪不能沉水。再用囫圇剥下羊皮，紥其四足，去毛吹氣，以生熟桐油透過，内藏攻其火器、金鎖匙等物，吹氣在内紥住。細作頭頂香球載火往水中，焚其舟楫，二物堪用水上，致勝權變在乎主帥。仍用皮作鵝掌縛於兩足，水行甚速。

盤旋火槍

此法與返復火槍大小藥物同式，止打藥十分之七，紙泥隔斷曬乾，餘三分打烈火藥畢，封固鐵綫作死活三頭，套上箭桿，以鐵綫拴住藥信，又從内通至外，會至後面。火發盤旋焚燒船隻，其槍桿不致墜地。若用之可燒船蓬及輜重，或破隊騎，用之百戰百勝，乃兵家之要也。

大一窩蜂

藥物與小一窩蜂同，令匠鑄生鐵筒，口徑三寸，底徑八寸，身長一尺四寸，離口四寸五分留一眼，將藥物等件攪勻徐徐裝入鐵筒，打實。又用與口大小竹一節二寸，虛其内，打畢用微潮黄土作馬子實築至口，安船頭。前面數件各有奇功。兩船相近私焚舟船，無不大勝。

鯢油瓶

東海鯢魚（鯢魚：應該爲鯨魚。）熬油注小瓶内，瓶口以麻索拴繫。倘遇敵船以紙撚蘸香油，點火投入瓶内，以物塞瓶口，擲於賊船之上，瓶破火發。若以水澆，愈澆愈熾愈焚，祇待油盡方息。

驚風牝猪

用紙桿作火炮之式，圍一尺長八寸，勒紮停當。外以四寸圍三寸長筒子，行火藥裝箱打實，上下二層裝定，外面藥信從頭上用，眼外藥合總於一處，兩頭相對紮縛停當，仍以紙糊作一大炮。如用祇點總藥信，賊人以船泊江湖中，我用細作設計，用此火器點火擲入船内，三五個、數十小個遍滿船艙，上下交作，燒眉燎髯。此物多入人懷袖中，取火焚積，非謀臣良將不能致勝也。

藥方：硝一斤，黄四錢八分，砒八錢。

連珠炮

藥物與前紙炮相同，糊炮徑三寸，用十五個以焰硝火藥繩穿訖，外以斜布縫作帶子。細作負至賊船，點火擲入無備之處，火發則炮聲不絶，使賊焦頭爛額者多矣。

群蜂炮

藥物同前，用竹篾編如五升大斗，以紙厚糊四寸層，曬乾，上糊油紙十五層。打造燕子飛二十個，開炮一竅，裝行火藥並燕子投入，進九分厚糊曬乾。安麻繩索便於懸帶。此器與前破敵之法同，賊倘無備，堅守其船或据險要，用細作服甲冑駕大櫓小艇載利器從船經過，用此器擲於船内，飛燕子六合環撞，傷人刺足，賊船必亂，以兵擊之無不大勝矣。

藥信方：净硝一斤，好硫四錢八分，柳炭灰四兩八錢，三味滴水研搗萬杵，試以不炙手爲度。

水戰浮筏 輕捷如飛

造篾籠長四尺五寸，圍二尺，每頭離三寸安麻繩二尺，用黄蠟桐油煮透，以免水濕之患。籠先以粗布綳一層，再用紙糊十次，外以油上一層，復加瀝青在外，以二籠四繩。各以五寸圓竹，取長二寸横通一眼，將繩貫出以繫竹架於上，生法安各器并礮石於前横竹籠下，相去七寸横繫一竹，在下以安行火筒，使尾上頭下斜勢之樣，則籠之行速。令在此機括上安起火、發火、毒烟、毒火，相風勢用之，製勝在吾權變，必先伏於三十里兩岸，以便施用以水攻之妙法也。然必借風爲威，襲水爲勢，斯萬戰而萬勝矣。

大戰船火炮

用船梭去棹，後稍平短，不畏風催；加添幫板，不懼波浪。四面安撥打擒弩，待賊自犯自殺，夜間不用防守。周圍安施火炮百個、鈎竿二十根。侵船者止住，欲去者鈎留。將船內安槍炮等物，俱各攻打兩邊。安絞車八付，不用卒撑，其船自行。上安旋住水三五噴筒以防火攻，船底安旋刀防賊鑿船，是有備無患也。

竹營墻火炮

用竹篾編如席，行以鰾膠（鰾膠：用魚鰾製成的膠。）粘縫油灰覆之，長一丈五尺二寸，留槍炮孔中，安管手斜立陣外，一則避彈矢，一則拘束部伍。上安竹扒以刺目，下使撥打以拒足，近發窩蜂炮，遠發快槍神槍，俱不露形。行營量地曲直廣狹，營有大小便宜，士卒有所恃以壯膽氣，每船可載數具，何敵寇之不可平乎？

五行海底炮 其一

用木或竹四根，竹柱量水淺深，入水上可容船，上面四圍用竹竿縛成架，外用竹竿打通節，不拘數，橫順縛住。上縛炮任意，不拘多少。將藥綫用油紙包裹，從竹竿内透入炮，上炮俱用油紙包裹，節口用黄如香瀝住，炮炮相連總歸一綫，沉於架上。彼船若至，總綫一發，彼船碎矣。其油紙用二層背過，熱油黄蠟，油紙滋潤方好。其二，或不用架，照前炮縛成，用竹作排，上用石壓沉水，約入船底深，或守在本處，或敵船來處，至則即發。或攻下水，暗入水中流去，約至敵人船底上，留總綫發去，彼自亂矣。其三，用船一隻，蓬板俱不用，將炮不拘多少縛於船內，炮與藥綫俱用油紙厚裹，炮炮相連總歸一綫，上留總綫沉於水內，照前用之。其四，用圓木一根照中解開，量炮多少照數鑿孔於內，藥綫俱朝一邊，中鑿一壕，藥綫通入壕內，將木合住，用油紙包裹嚴密後，留總綫沉於水內流去。用二人在水内或用槁用繩送於敵船之下，約以爲應上方點藥綫。其五，用木二根，其製造同前，一頭安鐵，後用木作棖相住，後用竹桿通總綫，量敵船遠近、水之緩急，綫量長短用之。

六花船

此八卦六花船，江海之中攻守皆用，不拘風濤。欲攻則敵擋不住，欲守則敵不能近，水戰首製此船以保全勝。厚楠板作五槽底，槽前平頭，槽後爲尾，其製造有八卦六花之義。上有三桅，中有六輪，後有柁樓。順風則用蓬送，逆則轉輪，快利如飛。底中一槽高七尺，闊六尺，傍二槽高六尺，闊五尺，儘邊二槽高五尺，闊四尺，每槽相離一尺五寸，共闊三丈六尺。兩頭接，鋪平中間，上作倉三丈六尺，槽前平頭三丈六尺，槽尾三丈六尺，尾起柁樓，底空，內安八輪，居中作官倉，長三丈六尺，闊一丈八尺，兩弦各九尺。前後中共三桅，蓬索俱用藥水製過，雨中不濕，設彼若有火來燒蓬即滅，周圍安立挨牌，倉上並牌，皆用生牛皮包裹，以防矢石，底下用狼牙釘、品釘以防奸細水怪。此船大將軍所乘也。次附以車輪舸、鴛鴦槳、游艇、走艦、鈎距等船。倉内載以神槍、神砂、神箭、神火、神水等器，欲砍營、斬關、奪寨、急渡、暗渡，則有浮帶、浮球、木罌（木罌：木製的盛流質容器，似大瓦罐。）、神筏等具，更相參古制，無不勝者。

神水弩

此弩用大茅竹一根，長五尺，前二尺打通，用百眼鐵葉裹頭，後三尺上去一半以木鋪平，中間一穴深五分，闊一寸，上安弩牙，背後更用木五尺托之。下用一三脚磨臍架子支着，前用檀木作一大弩筒，内作一送子，頭用綿裹之，蘸藥水在上，放入筒内，搬弩弦入牙内，關上扣子。臨用調正撥弩牙，其藥水唧（唧：噴射。）出一點，入人眼内即瞎，沾身至骨痛不可忍。乾了再如前放，又用也。

鴛鴦槳

此槳用二船并合一處，形如纜船，不用蓬桅，各長三丈五尺，闊九尺，倉止用生牛皮張裹，棹槳人並槳把俱在倉内，槳尾自内入水，每邊八把。倉上前後兩傍俱留箭眼、槍眼以便放火藥神器。如趕敵則兩邊飛棹，與敵相近則放神器，分爲兩邊夾攻，使彼左右難救。賊既中我火藥箭器，勢必傷焚，我則仍連一處扣鎖，兩邊蕩槳如一隻而回。此船如活，放則分爲二隻，每邊四槳，合則共爲一隻，每邊八槳。

車輪舸

此舸長三丈二尺，闊一丈三尺，外虛邊框各一尺，空内四輪，頭入水約一尺許。軸在倉内，令人轉動，其行如風。船前平頭長八尺，中倉長二丈七尺，後尾長七尺，爲柁樓倉，上居中通前徹後，用一丈梁蓋板，自兩邊伏下，每一塊長五尺闊二尺，下安轉軸如吊窗樣。臨近後内裹放神砂、神箭、神火，彼不能見，敵勢少弱我軍，掀開船板於兩邊，立即同旁牌，牌與槍俱用生牛皮張裹，人立於內，拋火磚、放標槍、使鈎鉅等器，其船必焚，可破大敵。

破舟筏

此船用大木五根，各長三丈餘，將木居中鑿空，仍補平厚以油麻沾補，前後攢拴，串定一處如筏勢。兩邊六輪上作船倉，輪軸在内，前平頭長一丈，倉長一丈五尺，尾長七尺，安柁樓於前平頭，上安破船銃，其銃如火神槍，槍頭如蕎麥樣，用純鋼打造，極其快利。頭長三寸，桿長四寸，如神槍安置銃内，凡一舟前用三具，約木頭與水相平。如與敵船相近，倉内點放火綫，其槍行打入敵倉，用二三銃，其船自破矣。

子母舟

此舟長三丈五尺，前二丈鑑船樣，後一丈五尺衹有兩邊幫板，腹内空虚，上倉前後通連，内藏一小舟，亦有蓋板掩人耳目。兩邊四棹，母船使風送棹槳，前倉内裝以柴薪，皆用油麻縛沃交貫火藥粗綫，亦安火槍、火箭等物，船前兩腋俱錠狼牙釘，背用鋼，尖風快利或迎抵彼船，或順人趕上，臨近如棹，飛奔彼船，尾後倉内發撓鈎搭至其船，以溜索與彼相連一處，先往船上放箭砂等，其即將我母船發火，與彼并焚，我軍開挖出子母舟而歸。

躍舟魚

用地老鼠放大荷葉上，前頭稍高，上又用一荷葉蓋之。諒其水之遲速、藥之緊慢，上流點放，到彼舟邊，藥綫一發，自躍於舟上，燒彼蓬索矣。

水上火

若我舟在上流，瓶油潑水用之，上以火點之，其油火焰自起，可以焚人舟船，風不能滅，水不能救。敵若以此燒我，用灰灑之即滅，或用酒噴之。

水㲺

蘆油十一斤，黄蠟二斤，杉鋸屑一斗要乾枯，松香四斤，硝二斤，硫斤半。以上四味共一家，蘆油少許拌濕爲度，外蘆油、黄蠟煎爲皮成㲺，内藏火炮數個，作三角尖，以油香二味之爲成。

克敵武略熒惑神機卷之五終

尅敵武略熒惑神機卷之五

水攻火器

攔火神行衝敵飛蓬

凡水戰之制莫要於蓬帆何也陸戰皆實地設有不虞再謀生路以江湖河海之間四面波濤蓬帆一着火藥則三軍之命休矣必用晋礬海汁脂蜜熬為水用竹篾箬葉浸漬再浸再晒務令極透編織蓬帆則火箭火毬沾染不着吾兵可保無虞而追可尅敵也

晋石一斤出山西透明者佳　脂蜜三斤出閩地者佳　烏梅一斤　俱熬水

再浸再晒試以染火為度每幅仍用礬水和珠漆黑漆大書飛龍天兵為號

飛蓬式

神飛獨角火龍船

陸戰用車騎水戰用舟船一定之制也艨艟戰艦武經自有圖式惟此船之制狀類海泊周圍以生牛草為障或剖竹為笆（用此二者以當矢石上留銃眼箭窓看以擊賊）上中下分為三層首尾設暗倉以通上下中層鋪以刀板釘板兩傍設飛槳乘浪排風往来如飛募四人以為水手遇賊詐敗棄而與之精兵暗伏下倉泅人赴水而走待賊登船機関一轉賊皆翻入中層刀釘板上生擒活縛雖懦夫病婦亦可就而戮之況於兵乎若沖入賊船隊内兩傍暗伏火器百十餘件左

冲右突勢不可當此船一號足抵常船十號宜得人也

神飛獨角火龍船式

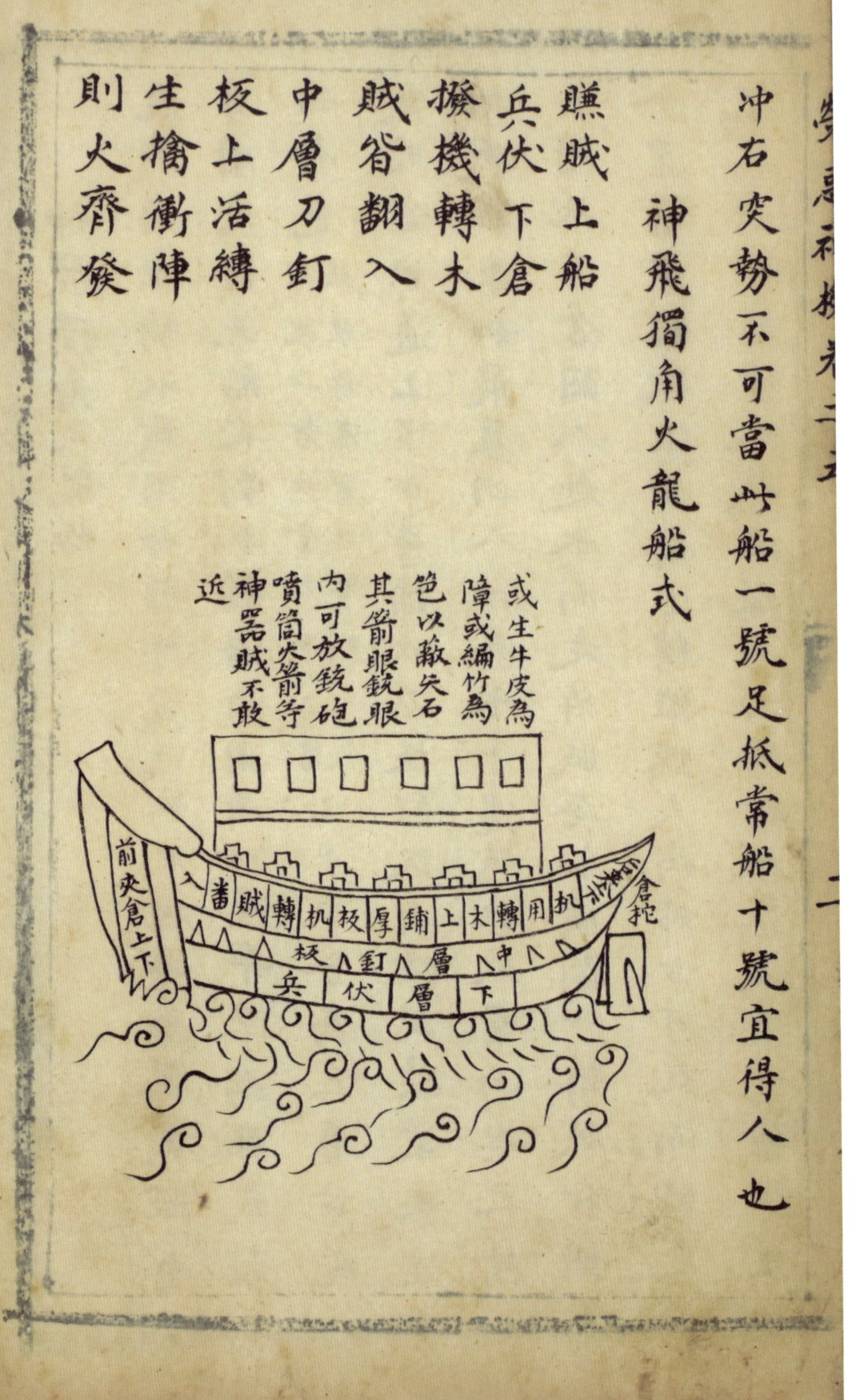

或生牛皮為障或編竹為笆以蔽矢石其箭眼銃眼内可放銃砲噴筒火箭等神器賊不敢近

賺賊上船兵伏下倉撥機轉木賊皆翻入中層刀釘板上活縛生擒衝陣則火齊發

八面神威風火砲

砲用精銅鎔鑄長三尺後爲燕尾下爲木架另鑄提心五枚每砲一架用兵二人一放一裝八面旋轉攻打不絕最利之器也中藏鉛彈發藥遠則攻打二百餘步近則攻打一百餘步遇人則穿心透腹遇船則徑透木板遠近之機在低昂之間發藥之多寡係鉛彈之重輕水戰中遠擊之器最利者莫過於此

此砲足堪實用即中火藏箭亦無不可

八面神威風火砲式

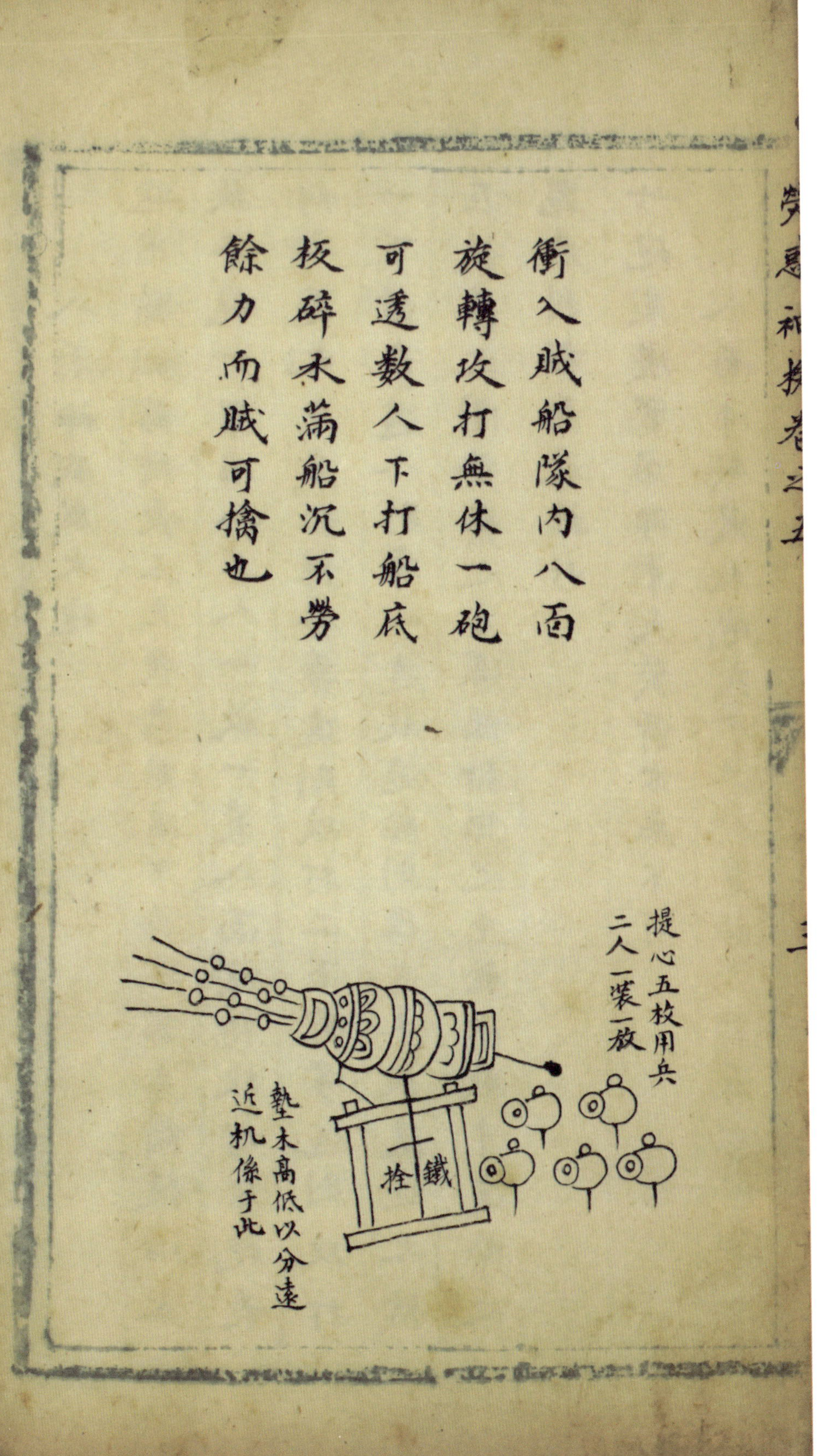
衝入賊船隊内八面
旋轉攻打無休一砲
可透數人下打船底
板碎木滿船沉不勞
餘力而賊可擒也
提心五枚用兵
二人一装一放
墊木高低以分遠
近机係于此
鐵
拴

火龍吐燄神毬

用柔箋編造圓滚如毬可容火藥一升用神火飛火相合厚紙糊裹将松脂溶化薄塗周圍以細繩為絡使膂力大勇士持之約離賊二三丈許飛空擲入賊船則火光四起以亂賊心

毬藏法藥　用神火飛火相合主燒船用毒火烈火相合主傷賊隨機而用火則萬戰而萬勝也

火龍吐燄神毬式

令壯士持之擲於賊船上燒船則裝神火飛火立時起火

燒賊則畏毒火烈火立時噴血而死

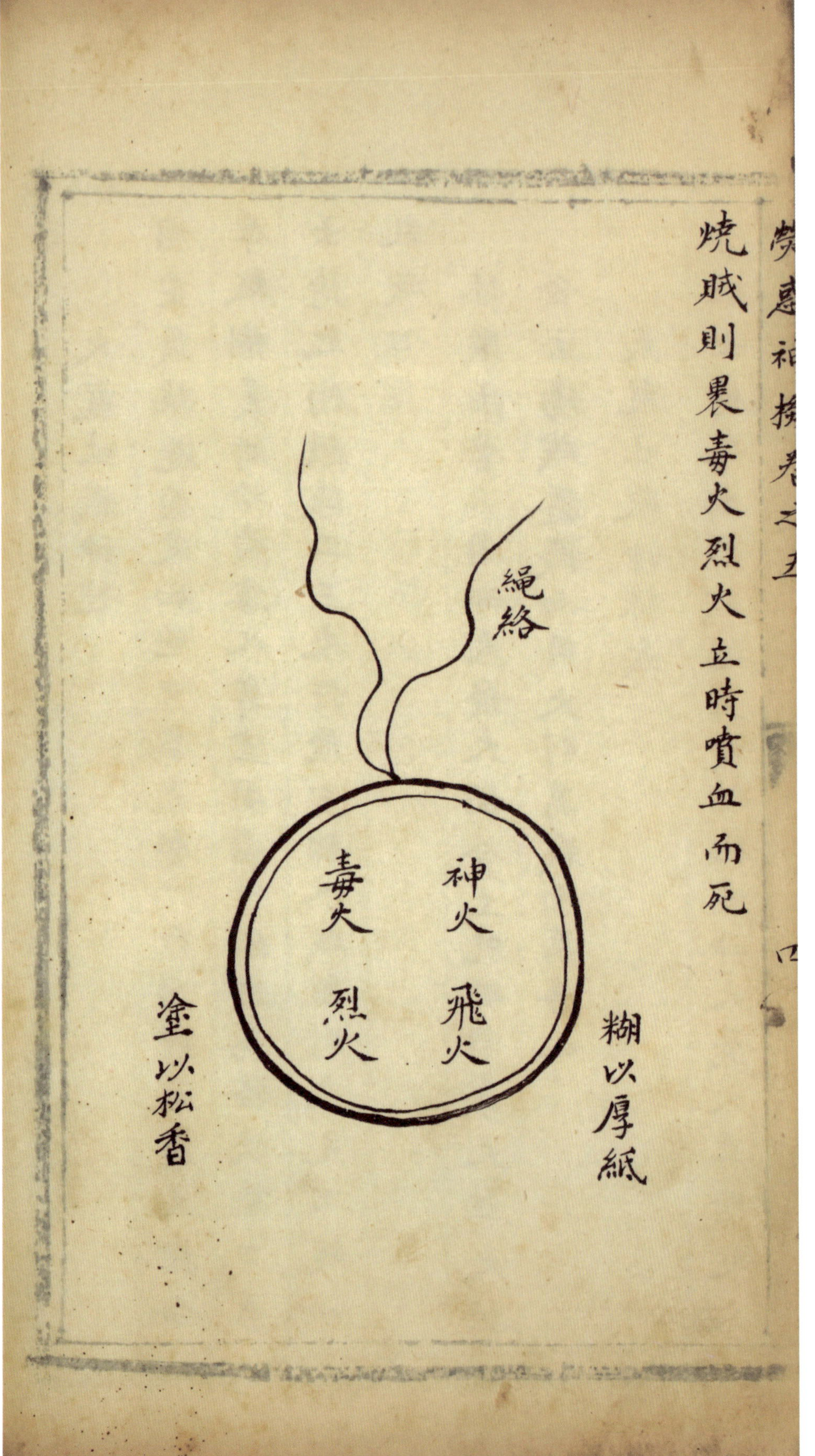

水底龍王砲

砲用熟鐵打造用木箄載之其機巧在於藏火刻香為度按時而發或一更或二更准定香眼眷到信發時刻不差量賊船泊處入水淺深將重石墜之黑夜順流放下眷到火發砲從水底擊起船底粉碎水入賊沉可坐而擒也

應用法物　火鉛彈重四五六斤發藥或一斗中腎為包硝羊腸為串氣鵝鷹翎為浮覆以萍草葦葉砲發船碎船碎賊沉

水底龍王砲式

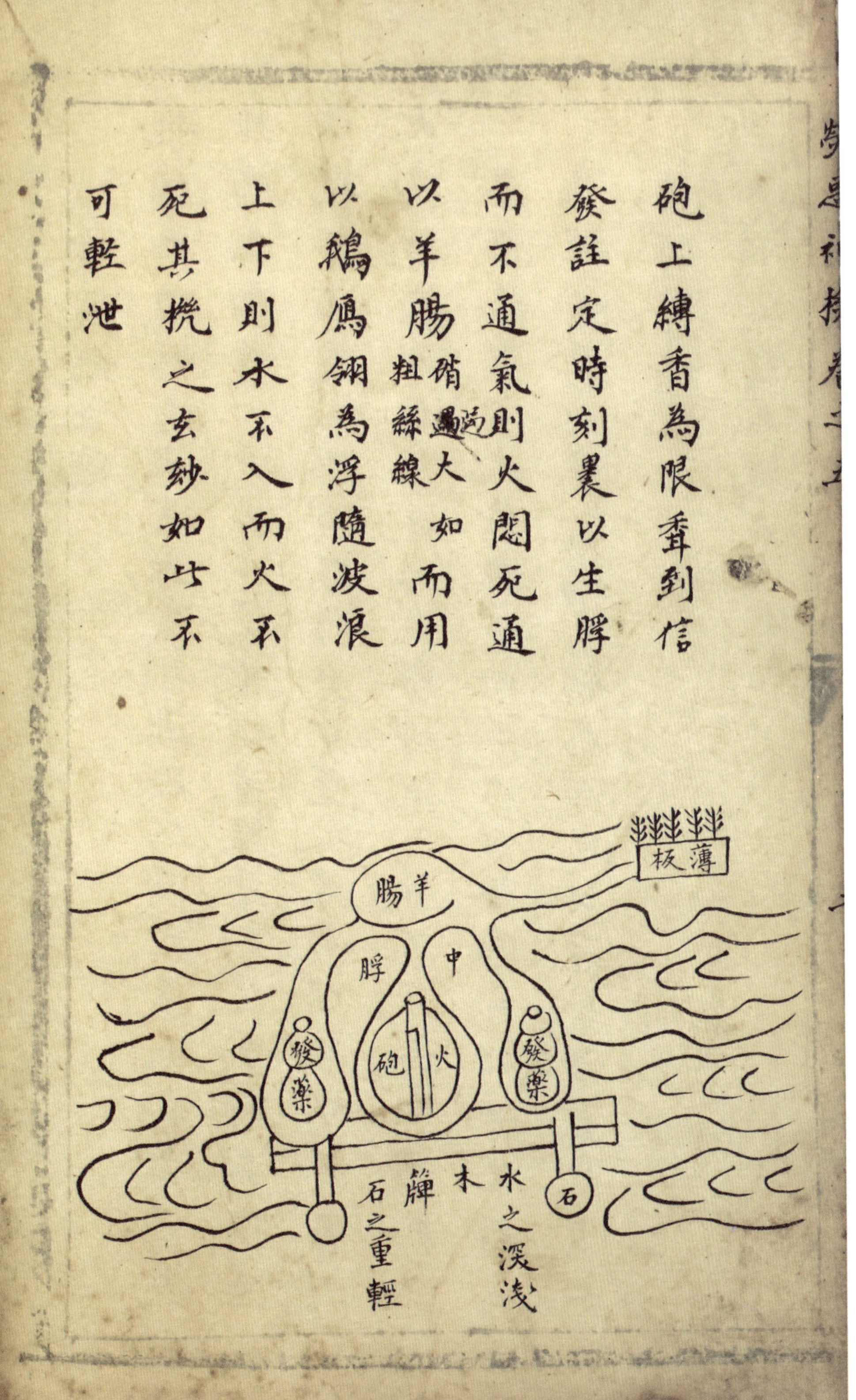

砲上縛香為限香到信
發註定時刻裏以生脬
而不通氣則火悶死通
以羊腸硝粗絲線過大如而用
以鵝鳫翎為浮隨波浪
上下則水不入而火不
死其機之玄妙如此不
可輕泄

飛天噴筒神火焚舟

其筒以竹為之用硝黄樟腦松脂雄黄砒霜以分兩法裝打成餅脩合又用羊糞晒乾以松脂為衣和前藥餅進筒四塞築實遇警用之焚舟可高十數丈遠三四十歩徑粘帆上如膠立見帆燃莫救火器之妙不可盡言凡用火器須看風色

飛火噴筒式

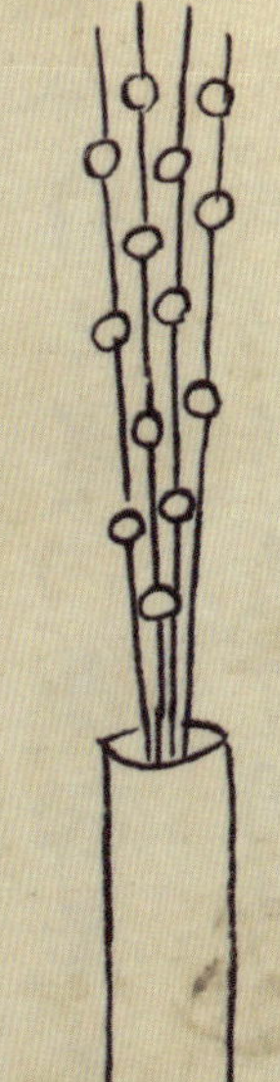

赤龍焚舟

其製以木為之舟形像龍分作三層內藏神器火具蓋頭作成龍首口開容兵一名窺賊動靜蓋背用竹片篾角釘釘之宜密勿稀實使堅確為最上蓋胸開一小門用鐵板為戶中層之船於中間開以井口以通走動舉藥火器兩傍用兵二名使櫓又用堅木造兩架撐起舟蓋使使火器舟底造龍骨中空用機括以鐵墜之風濤不能沉溺此舟頭豎一桅帆前開一窓用兵一名掌舵以觀水道又用二名掌火具二名輪使櫓若造此數百隻渾如赤龍遊於江

河待賊船將近岸時舟中暗機一動神火毒烟神箭飛弩一齊發起燒其賊船百萬賊悉焚溺矣豈非海上一奇功哉

赤龍焚舟式

海鶻泛舟

海鶻船類沙船名沙鶻鷹以其搏擊疾速捷於諸船也船形類頭低尾高前大後小如鶻鳥之狀長濶相稱艙艙要深方堪重載船底要平使風方穩俗言鶻胃尖底者非船底尖也艙上有龍膀有船底下另造一溜尖底方可破浪另加夾舵々扇遷於遮波之外有夾舵傍護浪不衝擊船左右兩傍置浮板為破水板形如鶻鳥兩翅其妙在此雖風浪滔天可免傾側故黄河風大舟人用披水板亦此意船背上左右張生牛皮為城牙旗金鼓亦如戰船之制

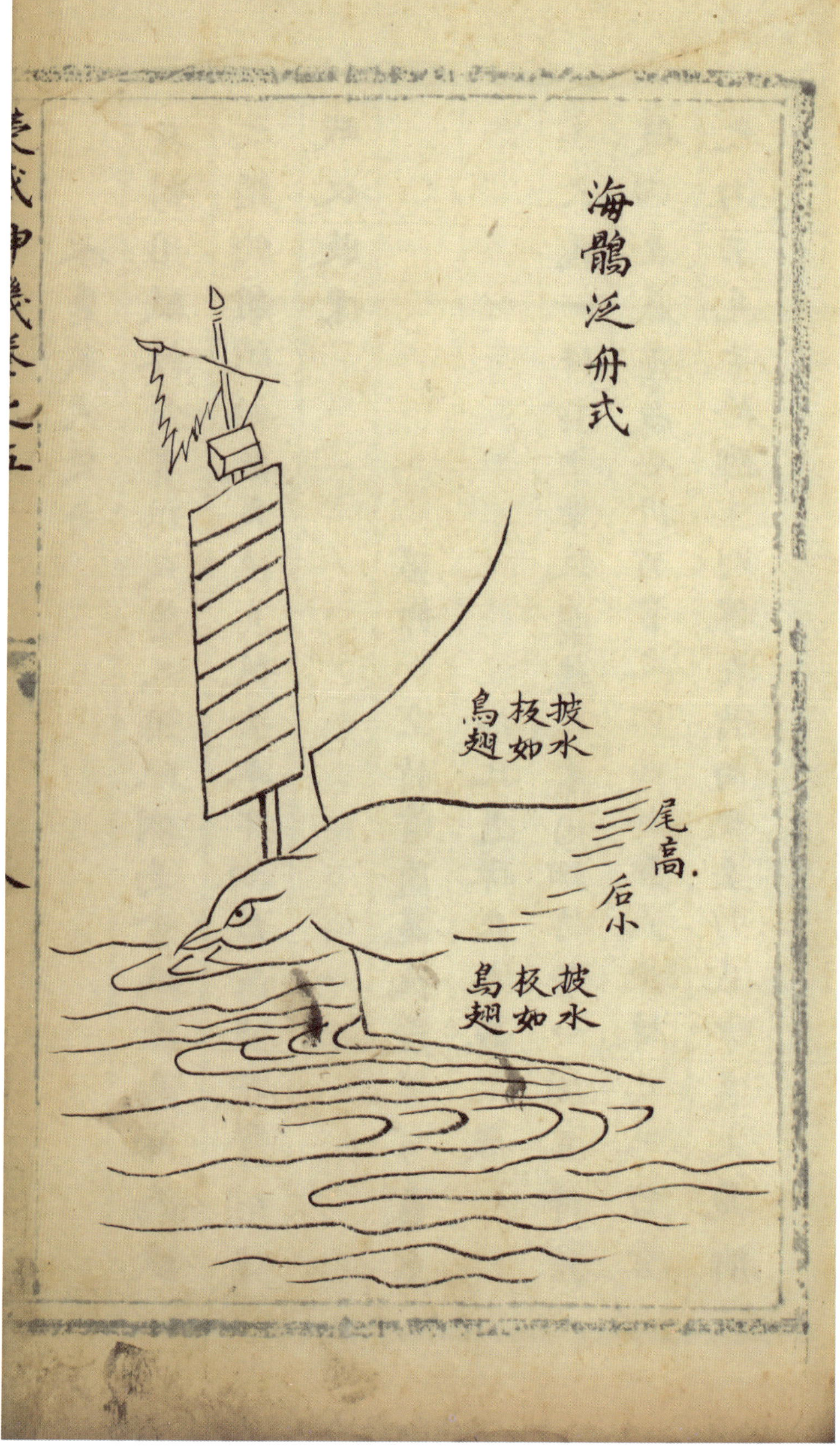
海鶻泛舟式
披水板如鳥翅
尾高后小
披水板如鳥翅

水囊藏火焚舟

其制用紙捲筒實以火藥外用紙糊為禽為魚為豚為獸之類約離賊船數丈使兵執去水中四散浮泛砲擊烟迷賊奴股慄

留節　空竹管隨器長短不可露出
作孔透線在火器之腹

凡火器一件其子母銃藥線之處用細竹管一個直插於腹內至底藥線安於竹管之內待外點火燃線已入竹管之內不見方纔擲下則線在竹內燃至竹底方透火器擲

下之時則藥線在竹內燃並無閃滅之慮且擲於賊舟只見凝然一物並不知點燃何處就擲在水內則線燃於腹火氣銜於口水為氣所逼亦不能入雖在水底尤能燃放而后已如要速燃不必纏盤俱止入竹管腹內亦口上止留一線路點火

此砲名曰水砲如碟大用火藥裝檀木心內　外用鐵毬中空內用木心裝藥線築實　放在水內遇船打穿

四十九矢飛蕪箭

右編籠爲籠約長四尺糊以紙帛中藏四十九矢以薄鐵爲鏃捲紙爲筒長二寸許前裝燒藥後裝催藥縛鏃上順風發去勢如飛蝗釘掛蓬帆頃刻火熾賊心驚惧破之必矣

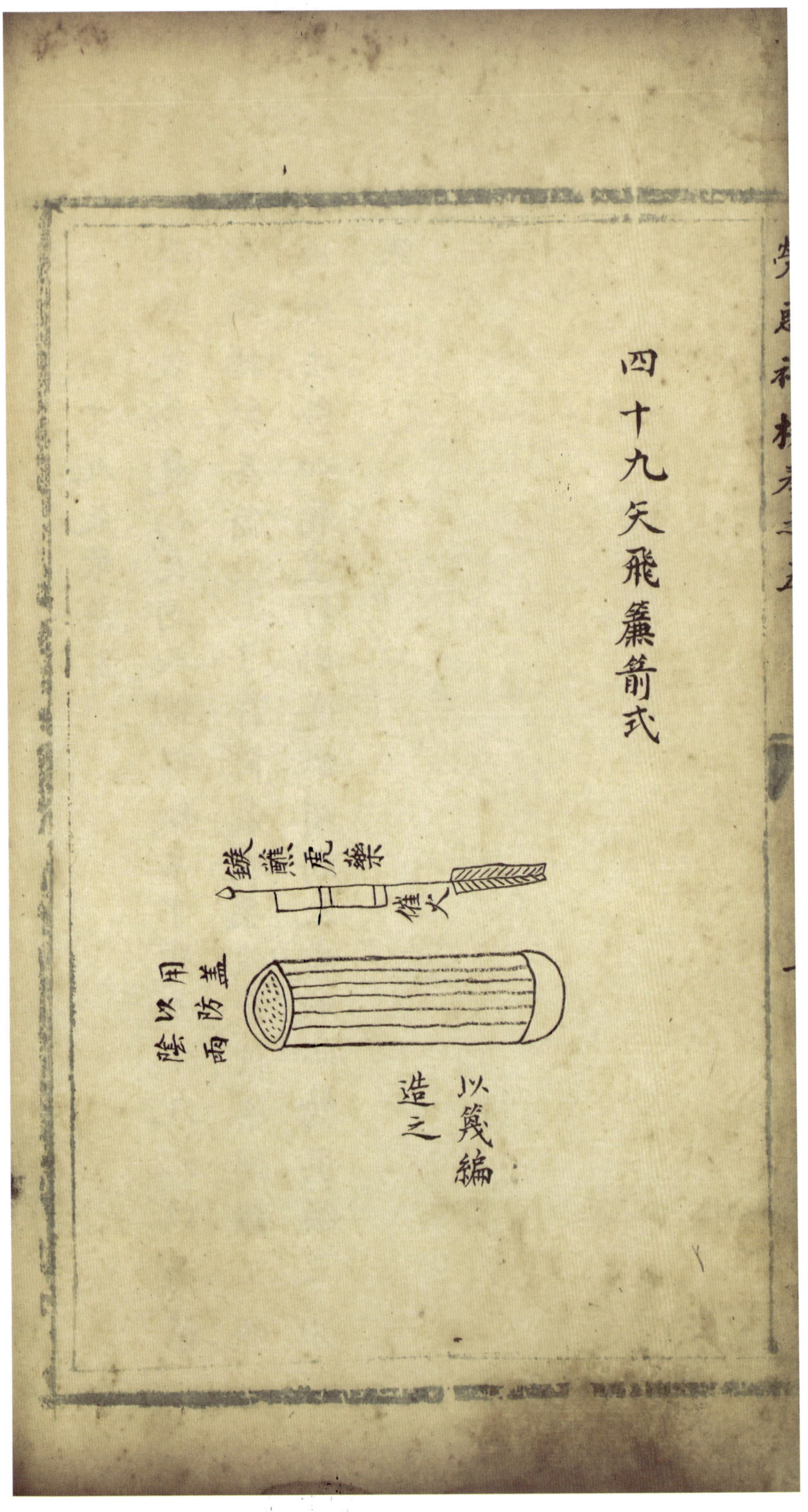
四十九矢飛廉箭式
鏃薰虎藥
催火
用蓋以防陰雨
以篾編造之

翻江混海飛波神甲

水戰之具固多而甲冑之制猶要用油絹為裹匏板為甲砌如龍鱗或以鵝鴈翎編疊為甲浮行水面駕浪乘風頃刻數十里而長江大河之險不足慮也若潛伏者用銀打造物法長二寸五分上分兩管塞於鼻竅下合一管彎曲入口中使口鼻之氣上下往來則水不隨呼吸而入仍用椰瓢漆黑以護腎囊將帛帶緊縛腰間再用漆絹以裹脚底蓋緊 與湧泉入水甚紅如惡魚毒物望光而來斯傷其命護之則光不現而害可免亦水戰之必用者也如醎水則眼不能開人不可入矣

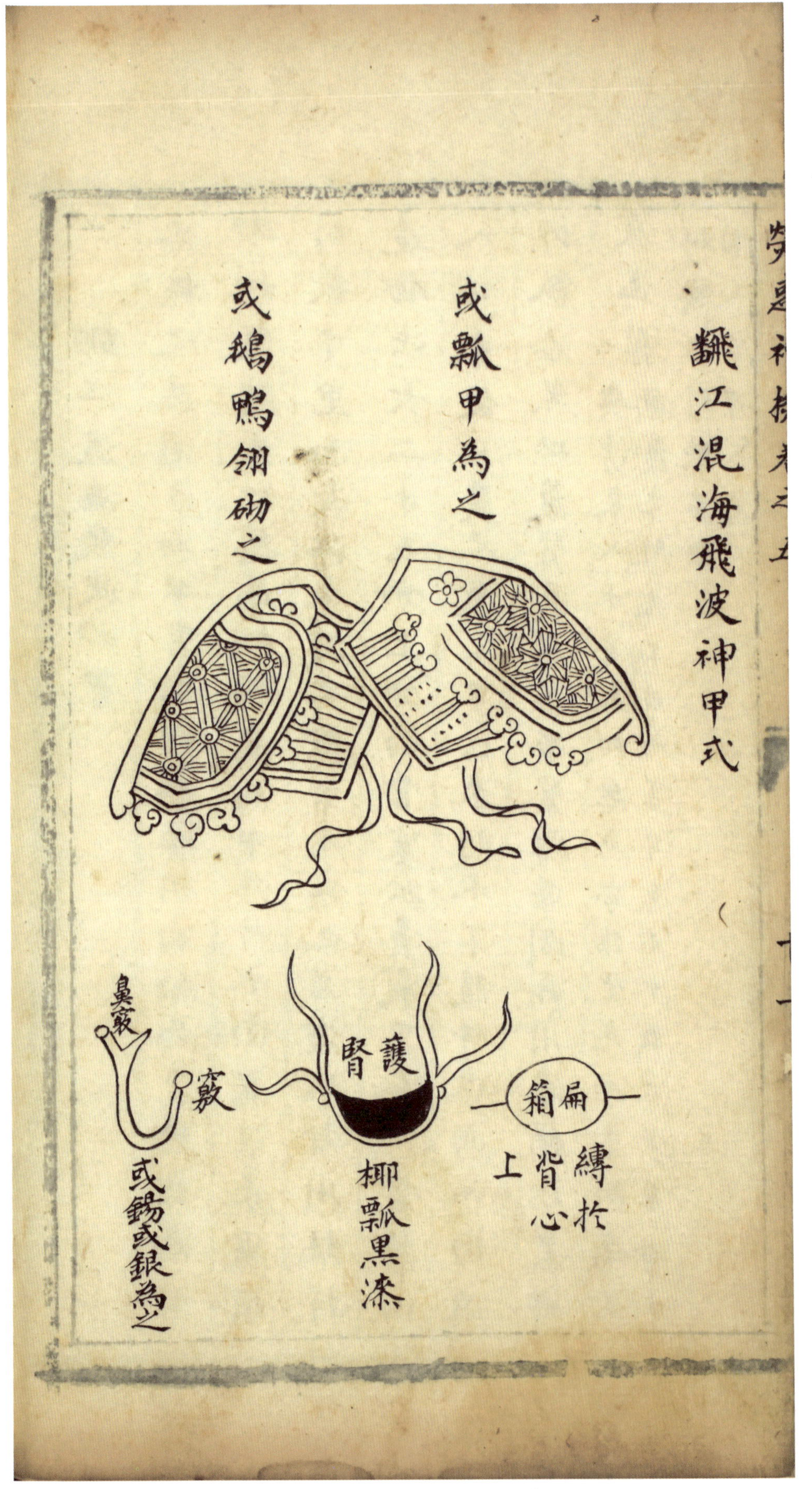
飜江混海飛波神甲式
或瓢甲為之
或鴇鴨翎砌之
護臂
扁箱
縛於背心上
椰瓢黑漆
鼻竅
竅
或錫或銀為之

飛空滑水神油

右用鵝鴨雞蛋清去其黄和以桐油復將前油或用磁瓶裝灌令滿裝其口以細繩為絡使膂力勇士持之約離賊船二三丈許擲入賊船到處流溢以風波洶湧流滑不可立兵器不可施況油沾船板遇火易焚固雖微法小技而取勝之功則大矣我兵用火器以攻之無有不敗者矣

飛定砂

此砂制度不一水陸皆可用也取河内流出細砂類玉田砂者佳每斗用藥一斤炒過次以神火鎗自空送去能令

瞎敵人眼目也鎗用薄竹片為身用起火二桶交口顛倒縛之連長身通七寸徑一寸五分苧蔴纒綁一處前桶口向后々桶口向前此為來去之法也前用炮竹一個長七寸徑七分安在前桶頭上藥線置起火桶内外用三四層夾紙作一圈桶連起火糊為一處炮竹外圈内裝前製過沙封糊嚴密頂上用薄倒鬚鎗如在陸地不必用此放時先點前後起火藥線用大竹節作濇子照敵人放去刺彼船上彼必齊救信至炮煒砂盡落下每一星入人眼内痛如錐刺不可忍即瞎無救彼既不敢救信至后桶其船即

焚如在陸戰放去砲破砂盡鎗身自回敵人莫識

浄江龍

以竹為筒徑一寸三分長一尺外加紙糊繩扎又以油紙數層為皮先以緊藥打一節後以慢藥打一節次第打藥緊慢共八節打滿藥以黄土打五分外加以蠟汁封固兩頭堅畢上用杉木作浮子頭上用藥信細作欲從水中攻敵船之猫纜鑿底欲致勝須先將水用此浄江龍治過恐水中有毒鮀魭鯊豚等類傷害細作不能應期取勝水獸遇此毒水則遠遁

緊藥方　硝一斤　硫四兩八錢　杉灰四兩　砒霜一兩六錢　硇砂八錢　硃砂四兩水飛過　水銀四兩鉛製　各為細末聽用

慢藥方　硝一斤　硫六兩二錢　異煤四兩　砒霜八錢　硇砂八錢用水飛過　砂硃四兩　水銀四兩鉛製　雄黃四錢八分共為極細末聽用

水中雷

用渾脫羊皮扎縛四足內外用桐油〻過裝將軍砲在內藥信服傍縛羊腸以蠟汁封固一頭以打通竹節料水深

淺用竹長短又札於羊皮項中仍以蠟汁封固用浮於水上人頭上頂香毬貯火在內手抱渾脫羊皮遊水將近敵船將砲安於賊船之下點火從竹內通至火砲藥信眼內其人速離此處火發其砲自然將賊船之底打破先以繩繫砲々响後以繩拽歸我船

陰陽鑽

鉄匠打造鐵箭徑二寸三分內安烈火藥紙箭用油紙作皮傍有一鐵挺長五寸頭上有油扒利齒濶三寸半烈火藥箭火出燒船近水之處焦黑用鍥匙頭且燒且磨恐賊

知覺我可於近處夜以燈火銃砲响踸襍其耳目燒通則船立沉可擒賊矣

金鎖匙

銕匠打造鐵筩徑二寸五分長七寸内裝烈火藥一筩鐵筩口上一鐵葉圍口十分之四厚五分内一鈌長七寸頭上亦一管然下口管長三寸頭尖處一管口徑一寸二分下管長三寸安木柄空鈌中可燒猫纜待臨船之際用銅斧劈之立斷矣

火龍砲

打法與小一篙鋒並同徑二寸長八寸外用油紙數重作皮頭尾俱用蠟汁封固二筩所用又打竹火藥二筩亦蠟汁封固聽用杉木長一丈二尺將大頭鋸去一半約一段五寸長將竹火藥二筩向后裂火藥二筩向前縛在杉木鋸處藥信自火藥后會通至烈火藥頭處以油紙蠟汁封固緊防水濕之患竹火藥筩口邊鏈出上路易於出火露出木頭削尖安鋒利倒鬚鎗頭傍安豬尿脬二個作浮后用鐵箍沉水挑起頭來安水上照賊船幾法發去焼之

藥方 即烈火藥 硝一斤 黃四兩 杉灰四兩 砒霜

一两六錢　生鐵米砂一斤拌匀聽用

水葫蘆

用竹篾作筐內空徑一尺外面徑通共三尺四寸圓其形如虎鑽之狀先用綿紙厚糊數十層用生熟二桐油透過再用生羊皮縵裹訖用生熟桐油　畢待乾用細作套在腋下布帶拴住大風浪不能沉水再用圈圖剃下羊皮扎其四足去毛吹氣以生熟桐油透過內藏攻其火器金鎖匙等物吹氣在內扎住細作頭頂香毬載火往水中焚其舟揖二物堪用水上致勝權變在乎主帥仍用皮作穪掌

縛於兩足水行甚速

盤旋火鎗

此法與迓覆火鎗大小藥物同式止打藥十分之七紙泥隔斷晒乾餘三分打烈火藥畢封固鐵線作死活三頭套上箭桿以鋏線拴住藥信又從内通至外會至后面火發盤旋焚燒船隻其鎗桿不致墜地若用之可燒船篷及輜重或破隊騎用之百戰百勝乃兵家之要也

大一窩蜂

藥物與小一窩蜂同令匠鑄生鐵筩口徑三寸底徑八寸

身長一尺四寸離口四寸五分畨一眼将藥物等件攪匀徐徐裝入鋏筒打實又用與口大小竹一節二寸虛其内打畢用微潮黄土作馬子實築至口安船頭前面數件各有奇功兩船相近私焚毋船無不大勝

鯢油瓶

東海鯢魚熬油注小瓶内瓶口以蔴索拴係倘遇敵船以紙撚蘸香油點火揷入瓶内以物塞瓶口擲於賊船之上瓶破火發若以水澆愈澆愈熾愈焚只待油尽方息

驚風扎猪

用紙捍作大砲之式圍一尺長八寸擲扎停當外以四寸圍三寸長篇子竹火藥裝箍打實上下二層裝定外面藥信從頭上用眼外藥合總於一處兩頭相對扎縛停當仍以紙糊作一大砲如用只點總藥信賊人以船泊江湖中我用細作設計用此火器點火擲入船内三五個數十小個遍滿船艙上下交作燒眉燎鬚此物多入人懷袖中取火焚積非謀臣良將不能致勝也

藥方　硝一斤　黄四錢八分　砒八錢

連珠砲

藥物與前紙砲相同糊砲徑三寸用十五個以焰硝火藥繩穿訖外以斜布縫作帶子細作頁至賊船點火擲入無備之處火發則砲聲不絕使賊焦頭爛額者多矣

群蜂砲

藥物同前用竹篾編如五升大斗以紙厚糊四寸層晒乾上糊油紙十五層打造燕子飛二十個開砲一竅裝行火藥并燕子捷入進九分厚糊晒乾安蔴繩索便於懸帶此器與前破敵之法同賊倘無備堅守其船或拒險要用細作服甲冑駕大艚小艇載利器從船經過用此器擲於船

内飛燕子六合環撞傷人刺足賊船必亂以兵擊之無不大勝矣

藥信方

浄硝一斤　好硫四錢八分　柳炭灰四両八錢三味滴水研搗方杵試以不熱手為度

水戰浮筏　輕捷如飛

造筏籠長四尺五寸圍二尺每頭離三寸安蔴繩二尺用黄蠟桐油莫透以免水湿之患籠先以粗布繃一層再用紙糊十次外以油上一層復加漉青在外以二籠四繩各

以五寸圓竹取長二寸橫通一眼將繩貫出以繫竹架於上生法安各器併礮石於前橫竹籠下相去七寸橫繫一竹在下以安竹火筒使尾上頭下斜勢之樣則籠之竹速令在此機括上安起火蒺火毒烟毒火相風勢用之制勝在吾權變必先伏於三十里兩岸以便施用以水攻之妙法也然必借風爲威襲水爲勢斯萬戰而萬勝矣

大戰船火砲

用船梭去棹淺稍平短不畏風催加添帮板不惧波浪四面安擦打擒弩待賊自犯自殺夜間不用防守周圍安施

火砲百個鈎竿二十根侵船者止住欲去者鈎留將船內安鎗砲等物俱各攻打兩邊安鞍車八付不用卒撑其船自行上安旋住水三五噴筒以防火攻船底安旋刀防賊鑿船是有備無患也

竹营墻火砲

用竹篾編如蓆行以鰾膠粘縫油灰漫之長一丈五尺二寸留鎗砲孔中安管手斜立陣外一則避弹矢一則拘束部伍上安竹杈以刺目下使擲打以拒足近蒺篙蜂砲遠發快鎗神鎗俱不露形行營量地曲直廣狭营有大小便

宜士卒有所恃以壯胆氣每船可載数具何敵敵之不可平乎

五行海底砲　其一

用木或竹四根竹柱量木淺深入水上可容船上面四圍用竹竿縛成架外用竹竿打通節不拘数横順縛住上縛砲任意不拘多少將藥線用油紬包裹從竹竿內透入砲上砲俱用油紙包果節口用黃香瀝住砲砲相連總歸一線沉於架上彼船若至總線一發彼船碎矣其油紙用二層皆過熱油如黃蠟油紙滋潤方好其二或不用架照前

砲縛成用竹作排上用石壓沉水約入船底深或守在夲處或敵船来處至則即發或攻下水暗入水中流去約至敵人船底上畱總線發去彼自亂矣其三用船一隻蓬扳俱不用將砲不拘多少縛於船內砲與藥線俱用油紙厚裹砲砲相連搃歸一線上畱総線沉於水內照前用之其四用圓木一根照中鮮開量砲多少照数鑿孔於內藥線俱朝一邉中鑿一壕藥線通入壕內將木合住用油紙包裹嚴密淺畱搃線沉於水內流去用二人在水內或用槁用繩送於敵船之下約以為應上方點藥線其五用木二

根其製造同前一頭安鐵后用木作桭相任后用竹扦通總線量敵船遠近水之緩急線量長短用之

六花船

此八卦六花船江海之中攻守皆用不拘風濤欲攻則敵不當住欲守則敵不能近水戰首製此船以保全勝摩楠板作五槽底曹前平頭槽后為尾其製造有八卦六花之義上有三桅中有六輪后有柁樓順風則用蓬送逆則轉輪快利如飛底中一槽高七尺濶六尺傍二槽高六尺濶五尺儘邊二槽高五尺濶四尺每槽相離一尺五寸共濶

三丈六尺兩頭接鋪平中間上作倉三丈六尺槽前平頭三丈六尺槽尾三丈六尺尾起柁樓底空內安八輪居中作官倉長三丈六尺濶一丈八尺兩弦各九尺前後中共三拖蓬索俱用藥水製過雨中不濕設彼若有火來燒蓬即滅周圍安立挨牌倉上並牌皆用生牛皮包裹以防矢石底下用狼牙釘品釘以防奸細水怪此銃大將軍所乘也次附以車輪舸鴛鴦槳遊艇走艦鈎距等船倉內載以神鎗神砂神箭神火神水等器欲砍营斬關奪寨急渡暗渡則有浮帶浮毬木罌神筏等具更相參古製無不勝者

神水弩

此弩用大茅竹一根長五尺前二尺打通用百眼鐵葉裹頭后三尺上去一半以木鋪卒中間一穴深五分濶一寸上安弩牙背後更用木五尺托之下用一三脚磨臍架子支着前用檀木作一大弩桶內作一送子頭用綿裹之蘸藥水在上放入桶內搬弩弦入牙內關上扣子鎋用調正撥弩牙其藥水唧出一點入人眼內即瞎沾身至骨痛不可忍乾了再如前放又用也

鴛鴦槊

此艕用二船並合一處形如艦船不用篷桅各長三丈五尺濶九尺倉止用生牛皮張裹棹艕人並艕把俱在倉內艕尾自內入水每邊人把倉上前後兩傍俱留箭眼搶眼以便放火藥神器如趕敵則兩邊飛棹與敵相近則放神器分為兩邊夾攻使彼左右難救賊既中我火藥箭器勢必傷焚我則仍連一處釦鎖兩邊盪艕如一隻而回此船如活放則分為二隻每邊四艕合則共為一隻每邊八艕

車輪舸

此舸長三丈二尺濶一丈三尺外虛邊延各一尺空內四

輪頭入水約一尺許軸在倉内令人轉動其行如風船前平頭長八尺中倉長二丈七尺后尾長七尺為柁樓倉上居中通前徹后用一丈梁蓋板自兩邊伏下每一塊長五尺濶二尺下安轉軸如吊窓樣臨近後内裹放神砂神箭神火彼不能見敵勢少弱我軍掀開船板於兩邊立即同旁牌牌與鎗俱用生牛皮張裹人立於内抛火磚放標鎗使鈎鉅等器其船必焚可破大敵

破舟筏

此船用大木五根各長三丈餘將木居中鑿空仍補平厚

以油蔴沾補前後攢拴串定一處如筏勢兩邊六輪上作船倉輪軸在內前平頭長一丈倉長一丈五尺尾長七尺安柁樓於前平頭上安破船銃其銃如大神鎗鎗頭如蕎麥樣用紙綑打造極其快利頭長三寸捍長四寸如神鎗安置銃內九一舟前用三具約木頭與水相平如與敵船相近倉內點放火線其鎗行打入敵倉用二三銃其船自破矣

子母舟

此舟長三丈五尺前二丈艦船樣后一丈五尺只有兩邊

封板腹内空虛上倉前後通連内藏一小舟亦有盖板掩
人耳目兩邊四棹母船使風送棹槳前倉内裝以柴薪習
用油蔴縛沃交貫火藥粗線亦安火鎗火箭等物船前兩
腋俱釘狼牙釘背用綱火風快利或迎抵彼船或順入趕
上艦近如棹飛奔彼船尾后倉内發挑鈎搭住其船以滯
索與彼相連一處先住船上放箭砂等其即將我母船發
火與彼並焚我軍開挖出子母舟而歸

躍舟魚

用地老鼠放大荷葉上前頭少高上又用一荷葉盖之諒

其水之遲速藥之緊慢上流點放到彼舟邊藥線一發自躍於舟上燒彼蓬索矣

水上火

若我舟在上流瓶油潑水用之上以火點之其油火焰自起可以焚人舟船風不能滅水不能救敵若以此燒我用灰酒之即滅或用酒噴之

水裘　（砲）

蘆油十一斤　黄蠟二斤　杉鋸屑一斗要乾枯　松香四斤　硝二斤　硫斤半　以上四味共一家蘆油少許

拌濕爲度外蘆油黄蠟煎爲皮成裹内藏火砲数個作三角尖以油香二味之爲成

尅敵武畧熒惑神機卷之五終

無敵地雷火炮

宜安詐營或關隘要地，掘地深五尺，按八卦安將軍炮八個，中間四個空十二處，量地大小，以竹九寸圍者鋸作段子，每段長七尺，打通節，每頭留一節，先以繩縛之後，以沸油灌入，良久傾出油，再將節打通。又用以小一等竹治如前法，可留節下過脉，安藥綫於内，炒過末香塞滿，支散十二處，藥信總會一處。中四炮雖近，亦要藥信委曲一般長方可，以各炮上又用大板覆住，炮鳴時人無措手，神莫神乎，齊鳴竹嘴穿套停當，以蠟汁封過脉之所，仍用乾土蓋覆，上面隨意假立營寨。發火應時，或爐竈内火通於下。權變之法，在乎主帥，不可爲膠柱鼓瑟之法，須因時致宜，則大得全勝矣。將軍藥方：硝一斤、黄一兩六錢、杉灰四兩。炮内或用毒火、神火、爛火、烈火、磁硝、神砂等藥，量炮大小裝藥多寡，或用生鐵鑄炮，以極圓爲妙，或容藥一斗或五升或三升，神火、毒火、法火合宜而用。車堅木爲法馬，分引三信，以防閉塞，合通火竅，先埋地中，覆以爲鳥盆，賺賊入套，火發炮響，聲如巨雷，人馬遇之俱成齏粉。火各不同，隨機而用。

無敵地雷炮式

隔河神捷火陣

以寡擊衆，兵之法也；以逸待勞，將之謀也。倘我兵甚寡，賊兵甚衆，力不能敵，欲阻河爲勢，用火攻之，必相地形所宜，料賊必至，周圍挖成浮溝，將光木兩頭周圍釘以釘刃，各設轉柱聯以鐵環，仍以土掩之，不露其迹。用牛馬藏於隔岸，長索貫牛馬項中。賊一入套，舉號，牛馬齊奔，則滚木捲地而來，人足馬蹄中傷卧地，岸上復架遠攻之器以擊之，仍用驍勇之將斷其歸路，古之名將恒以此取勝。

隔河神捷火陣式

太極神銃

其製或用堅木爲，或以瓷器造，或使熟鐵作。上、中、下三樣，上蓋肖太極，開一竅便爲動静施張；中桶以四象安八卦銃；下底猶地厚載火藥物。此器造數千具，設伏要路，賊過一動，其機銃彈自發悉矣。兵言中國之長技曰銃炮，信然。

太極神銃式

太極總銃　體針式　神香蛇（有圖無文，原文佚失一個武器。）

神武默機火箱

其製用堅板作箱，若大小任意之，箱蓋鑿二孔以通法針，蓋旁開六孔以通香氣，底用禦火之物油漆堅固，底旁設六孔以引三元萬彈等炮。此具多備，遇儆，藏於賊必由處，一動其機，萬炮俱發，萬馬倒，萬人斃。

神武默機火箱式　三元會合萬彈式

渡水神機炮

隔水神機炮者，隔水爲陣，欲用火攻勝之，倘我寡少兵，勢不能敵，必暗使細作之士將炮埋險隘之處。玄妙在藥信，二三十炮總於一信中，動則衆炮齊發也。將地掘槽，用茅竹剖爲兩半，中剜去節，用晋石浸紙曬乾裹其藥信，則不生潮。藏於竹内，埋於地中，其槽仍以土掩覆，將磁盆對合，敵眼與竹口相對以埋。發火火種用不灰木（不灰木：多指石棉。）合製，用鐵精（鐵精：煅鐵爐竈中飛出的紫色塵狀的赤鐵礦質細粉製成的礦物藥，《神農本草經》：鐵精，出煅竈中，如塵，紫色，輕者爲佳。）、乾漆（乾漆：爲漆樹科植物漆樹樹脂經加工後的乾燥品。）和不灰木令硝黄等藥埋於地，經一二月，遇雨水亦不息滅。將長繩繫其藥信垂於火種之傍，賊至，用繩拽動其機，則炮應手而發，隨出奇兵以擊之，無賊而不敗，雖鬼神亦莫能測之也。

藥法：不灰木、松脂、鐵精、乾漆、炭屑

渡水神機炮式

炮藏神砂，着賊立瞎雙睛；炮藏磁屑，着賊見血封喉；炮藏毒火，着賊立時腐爛；炮藏鉛子，着賊透腹穿心。用此一機，百發百勝。

轟雷炮

安製之法用瓷甕，每二個作一炮。先掘地三四寸深，將一甕安住，鑽二孔引信入地二寸深，量甕大小用藥。或二百斤，或一百五六十斤，或百斤，踏實，上用席片或荆扒蓋之，上又覆一甕，打去底，裝土令滿，用大石壓周圍，用磚砌壘，以石灰嵌泥之，其砌三層磚，圍如一丘狀。下將地掘作土溝，遠引百步，劈大竹爲二半，去中節置竹瓦一半於地溝中，中置藥信，上蓋一片竹瓦，仍用土覆之，賊至約入套中，燃信擊炮，傷賊甚衆。此軍門之神術也。

藥方：净硝十兩七錢、柳灰二兩四錢八分、硫黄二兩四錢八分、朝腦三錢二分、班猫二分燒酒拌。

轟雷炮式

二甕周圍磚砌，上甕藏土，下甕藏藥。

穿山破地火雷炮

炮用熔銅鑄造，或熟鐵打成，或式如碗口，身長四尺，中容發藥五升、管鉛子三斤，先下發藥，次下發馬，再下鉛子，相地勢之宜而用之。信發之後，烟飛火烈，聲如巨雷，林木皆震，人馬遇之，擊成齏粉，無敵不破，無功不成，驗如神矣。

穿山破地火雷炮式

五雷轟山

用碗口鐵炮五個，或安架上，或安山口兼有隙之處。藥信盤旋，次第而發，石子、石炮若飛蝗，克敵無所措手，令一人守此處點火，次第而發，攻打賊人後，速負此炮回寨。

自犯伏弩火炮

如賊衆我寡，我兵難敵，必須用計勝之。先於要害之地預埋地雷、火炮、弩箭等器，各設消息以鐵綫牽引火候。待交戰之時，我兵詐敗，拋下衣物、旗幟於消息之上，賊見衣物必取，若扯動消息，其火候即起，地雷火器即發，炮打、箭射、火焚、烟燎，以傷其賊，以挫其鋒，我則復兵攻之，無不勝也。或先將地雷、火炮、弩箭等器及神火、烈火、毒火、爛火、飛火、法火、神烟，料賊必至之地預埋停當，上虛立一營，將火候安於地竈之内，待賊至，詐弃此營，賊必占據，燒動其竈，火即發矣，至妙。

神機滅寇

用泥水匠將房墻各留衕衕，通貫至火咽喉上通房，若再用火藥手製造火花瓶百個，安於衕衕內，竹竿通透，裝藥綫，周圍相通，獨於門墻左右多火筒。大凡寇入炊飯，火入竈內，火光封門，隨即四墻火起，苫亦隨燃，則寇入者無出也。

製機橋火炮

其製量河寬狹、水勢深淺，用木梁一根爲軸置板橋於梁上，於兩頭穿穴積上臺，臺座以繩拴木梁舌上，引至臺中，旁伏一卒，待賊首正過橋中，急扯，横舌滚下運動，兩邊伏炮弩箭俱發，賊必沉水中矣。再渡河以攻擊，其賊無不被傷也。

製倚山鑿石火炮

用石匠於衝要處隘口鑿爲炮，安置二十處或三五十處，要處隘口鑿石爲之。以河内小石爲河，用藥信接連一處，每機一發石子一二萬餘。用小紅旗爲號，〔虜〕見紅旗必取，扯犯火候，其炮連接亂打。或穿伏穴藏卒在内，或潛伏山頂上，料賊至山頂，扯犯消息，其炮滿山經緯俱發，彈子若驟雹相擊，不見兵卒，止見神器自打，豈敢放肆攻城。祇用一二卒扯炮，可以防守一城無虞矣。

連環弩

用荆竹木爲弩，用在山谷道旁夾路之間，或百或千裝埋草内，每十弩用一竹轉桶，或三層五層縛就，每層一個消息。如敵過此，打動一個消息，則萬弩齊發，無不中也。

騰蛟弩

弓式如弩，但其消息安置之妙不同。陣城之外，敵游之所，埋地之中，弓背向上，柄頭着地，虛其兩稍，箭安弦上，以竹綳緊，柄後絆弦消息，以土覆之，惟竹露外，竹動箭去。

自立營

用竹作旗竿，後安壘石稍頭，藥綫綁縛至地，凡四角四門俱如此，各綫總歸一綫，信至火發，各旗自起，遂成營一矣。

克敵武略熒惑神機卷之六終

尅敵武畧熒惑神機卷之六

埋伏火器

無敵地雷火砲

宜安詐營或関隘要地掘地深五尺按八卦安將軍砲八個中間四個空十二處量地大小以竹九寸圍者鋸作段子每段長七尺打通節每頭留一節先以繩縳之後以沸油灌入良久傾出油再將節打通又用以小一等竹治如前法可留節下過脉安藥線於内炒過末香塞滿支散十二處藥信總會一處中四砲雖近亦要藥信委曲一般長

方可以各砲上又用大板覆住砲鳴時人無措手神莫神乎齊鳴竹嘴穿套傍當以蠟汁封過脈之所仍用乾土盖覆上面随意假立營寨發火應時或爐竈内火通於下權變之法在乎主帥不可為膠柱鼓瑟之法須因時致宜則大淂全勝矣

将軍藥方　硝一斤　黄一兩六錢　杉灰四兩

砲内或用毒火神火爛火烈火磁硝神砂等藥量砲大小裝藥多寡或用生鐵鑄砲以極圓為妙或容藥一斗或五升或三升神火毒火法火合宜而用車堅木為法馬分引三信以防閉塞合通火竅先埋地中覆以為烏盆賺賊入套火發砲響聲如巨雷人馬遇之俱成齏粉火各不同随機而用

無敵地雷砲式

隔河神捷火陣

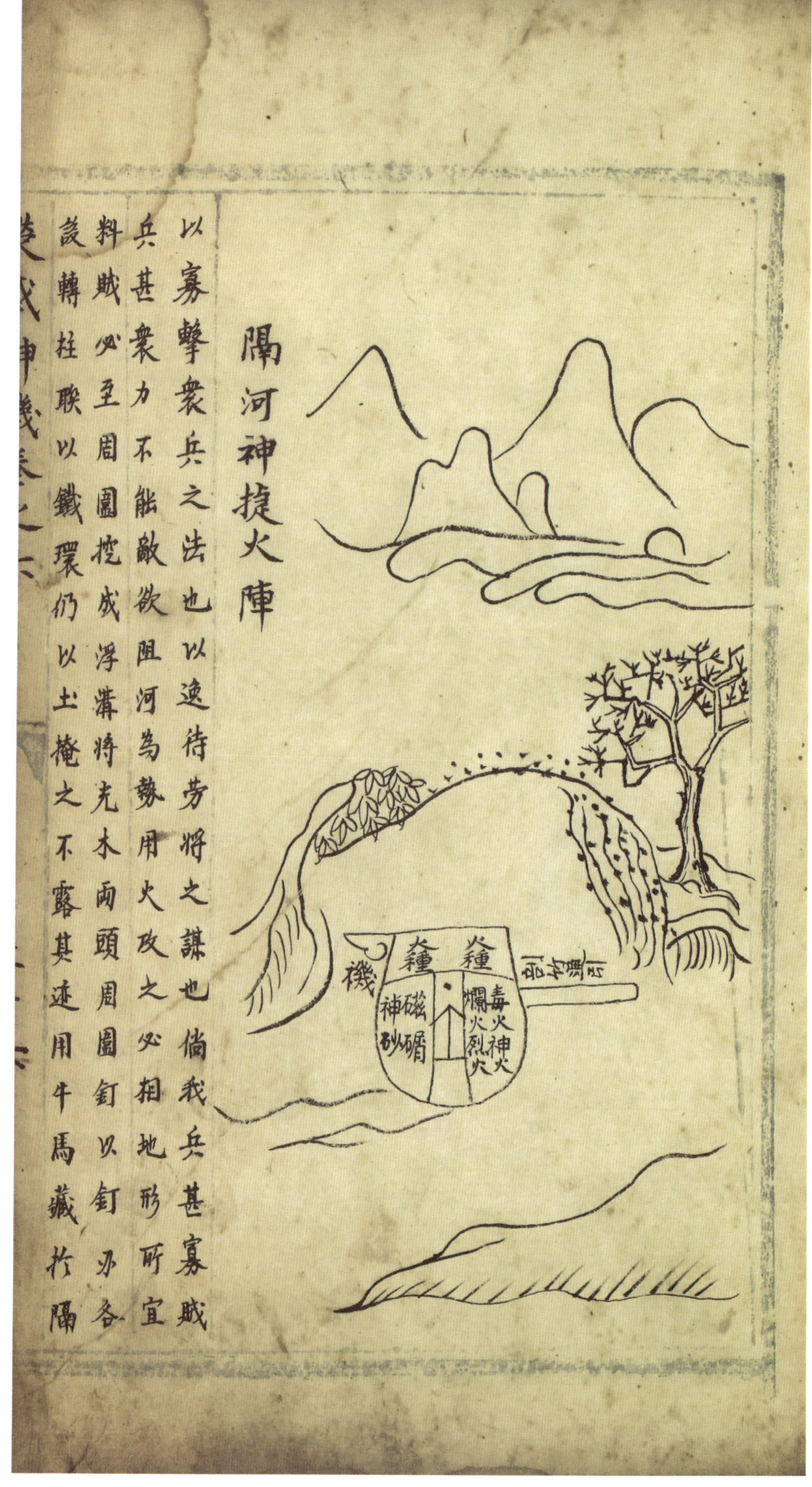

以寡擊衆兵之法也以逸待勞將之謀也倘我兵甚寡賊兵甚衆力不能敵欲阻河為勢用火攻之必相地形所宜料賊必至周圍挖成浮溝將光木兩頭周圍釘以釘亦各該轉柱聯以鐵環仍以土掩之不露其迹用牛馬藏於隔

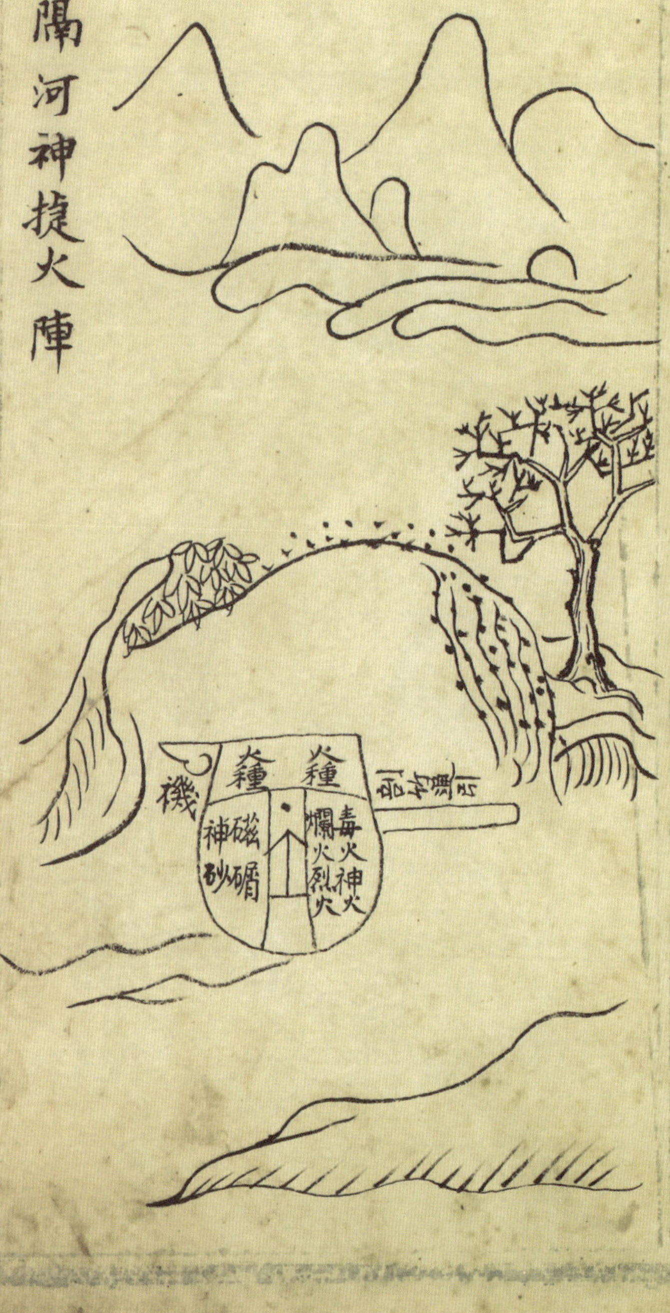

岸長索貫牛馬項中䟦一入套攣䮞牛馬脅奔則滚木捲地而來人足馬蹄中傷卧地岸上復架遠攻之霹以擊之仍用驍勇之將斷其歸路古之名將恒以此取勝

暘河神撻火陣式

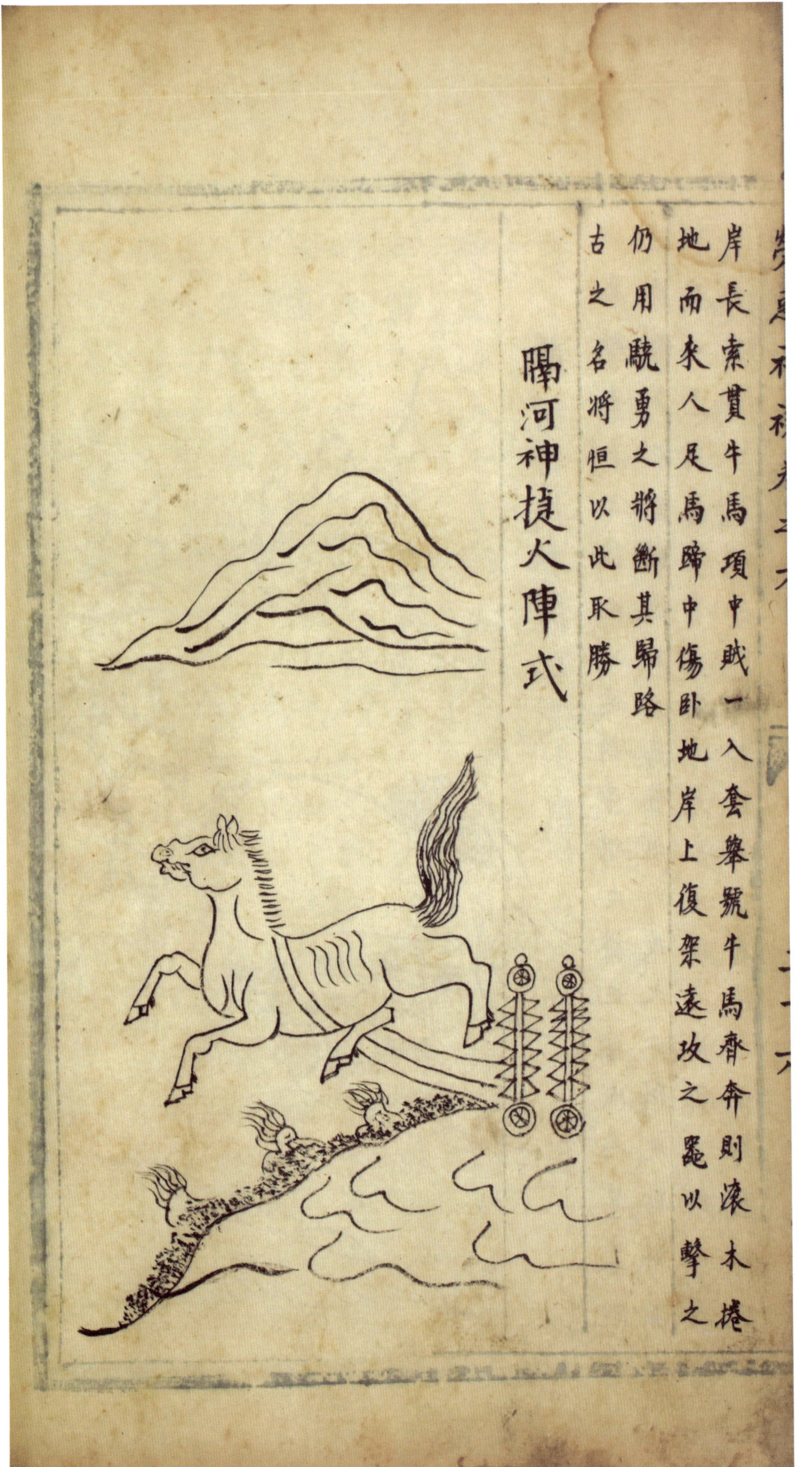

太極神銃

其制或用堅木為或以滋器造或使熟鐵作上中下三樣上蓋肖太極開一竅使為動靜施張中桶以四象安八卦銃下底猶地厚載火藥物此器造數千具設伏要路賊過一動其機銃彈自發悉矣兵言中國之長技曰銃砲信然

太極神銃式

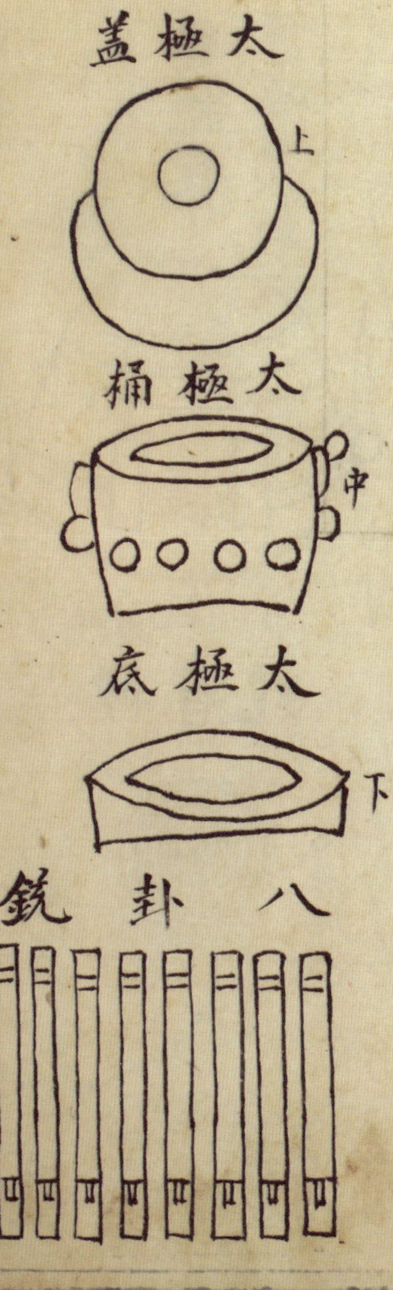

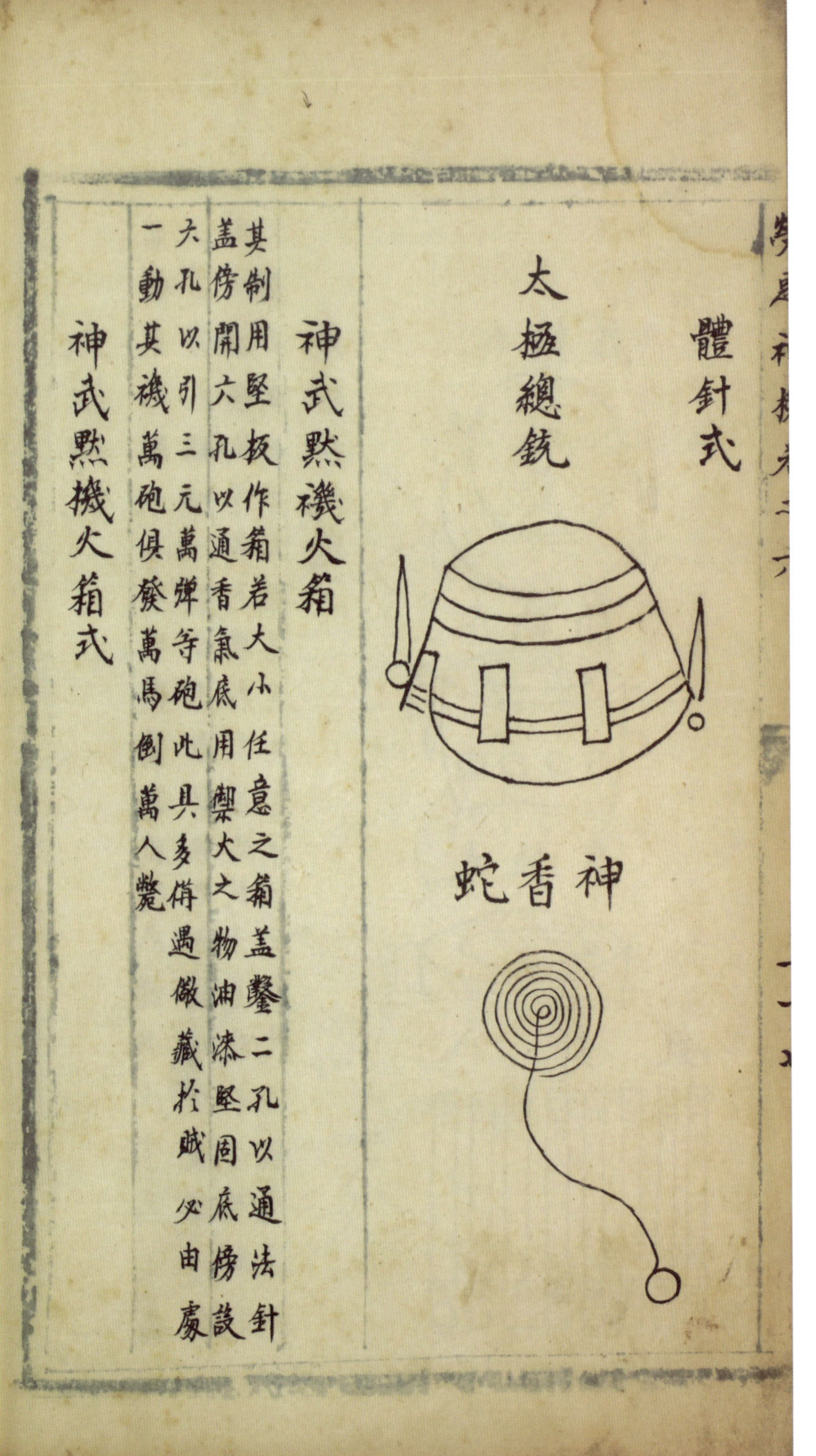

體針式

太極總銃

神香蛇

神武黙機火箱

其制用堅板作箱若大小任意之箱蓋鑿二孔以通法針蓋傍開六孔以通香氣底用槊火之物油漆堅固底傍設六孔以引三元萬弹等砲此具多備遇儌藏於賊必由處一動其機萬砲俱發萬馬倒萬人斃

神武黙機火箱式

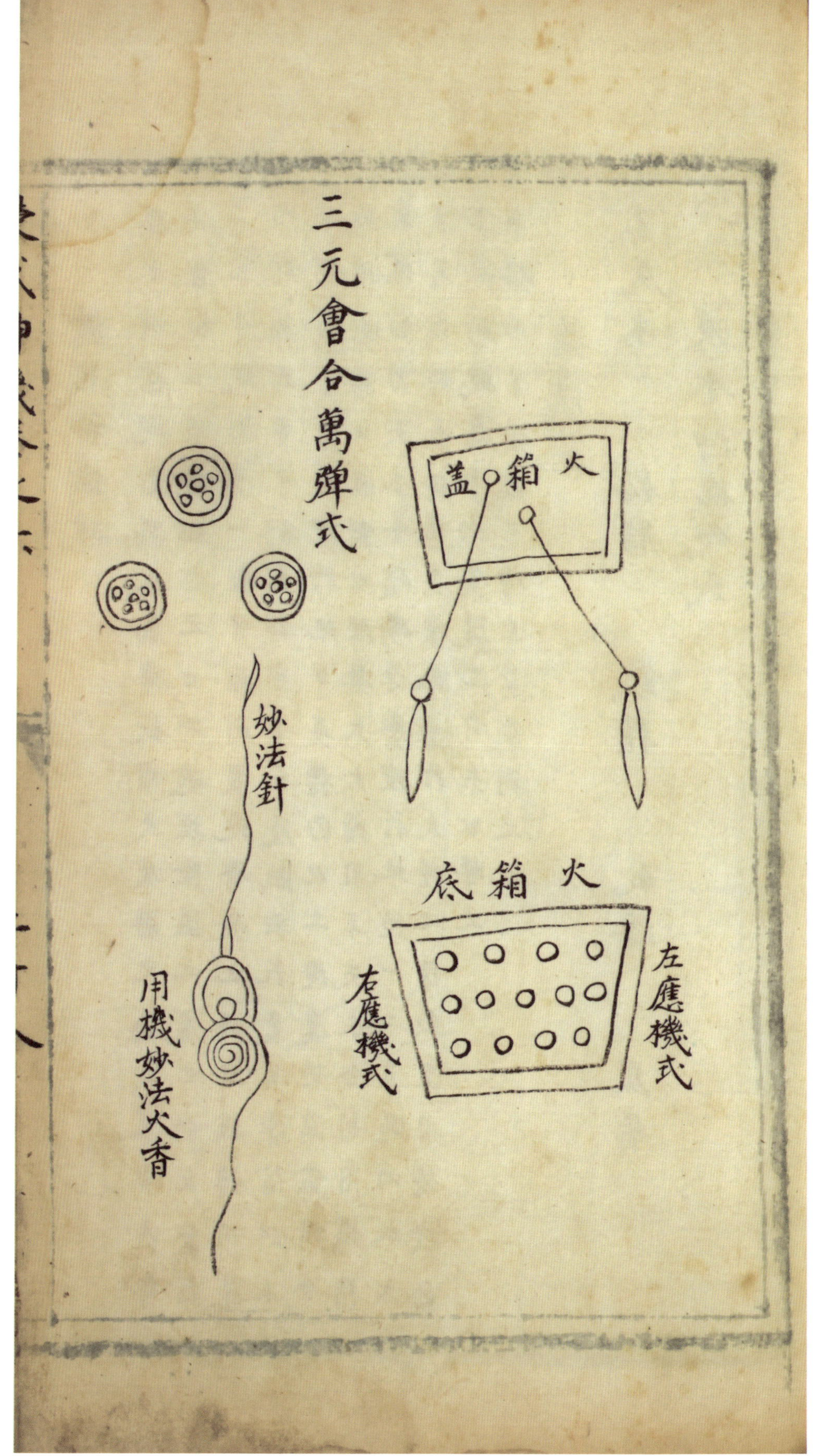
三元會合萬彈式
火箱盖
火箱底
左塵機式
右塵機式
妙法針
用機妙法火香

渡水神機砲

隔水神機砲者隔水爲陣欲用火攻勝之倘我寡少兵勢不能敵必暗使細作之士將砲埋險隘之處玄妙在藥信二三十砲捻于一信中動則衆砲齊發也將地掘槽用茅竹剖爲兩半中剜去節用晋石浸紙晒乾裹其藥信則不生潮藏于竹內埋於地中其槽仍以土掩覆將磁盒對合敵眼與竹口相對以埋發火火種用不灰木合制用鐵精乾漆和不灰木令硝磺等藥埋於地徑一二月遇雨水亦不息滅將長繩繫其藥信垂於火種之傍賊至用繩拽動其機則砲應手而發隨出奇兵以擊之無賊而不敗雖鬼神亦莫能測之也

藥法

不灰木　松脂　鐵精　乾漆　炭屑

渡水神機砲式

砲藏神砂着賊立瞎雙睛砲藏磁屑着賊見血封喉砲藏毒火着賊立時腐爛砲藏鉛子着賊透腹穿心用此一機百發百勝

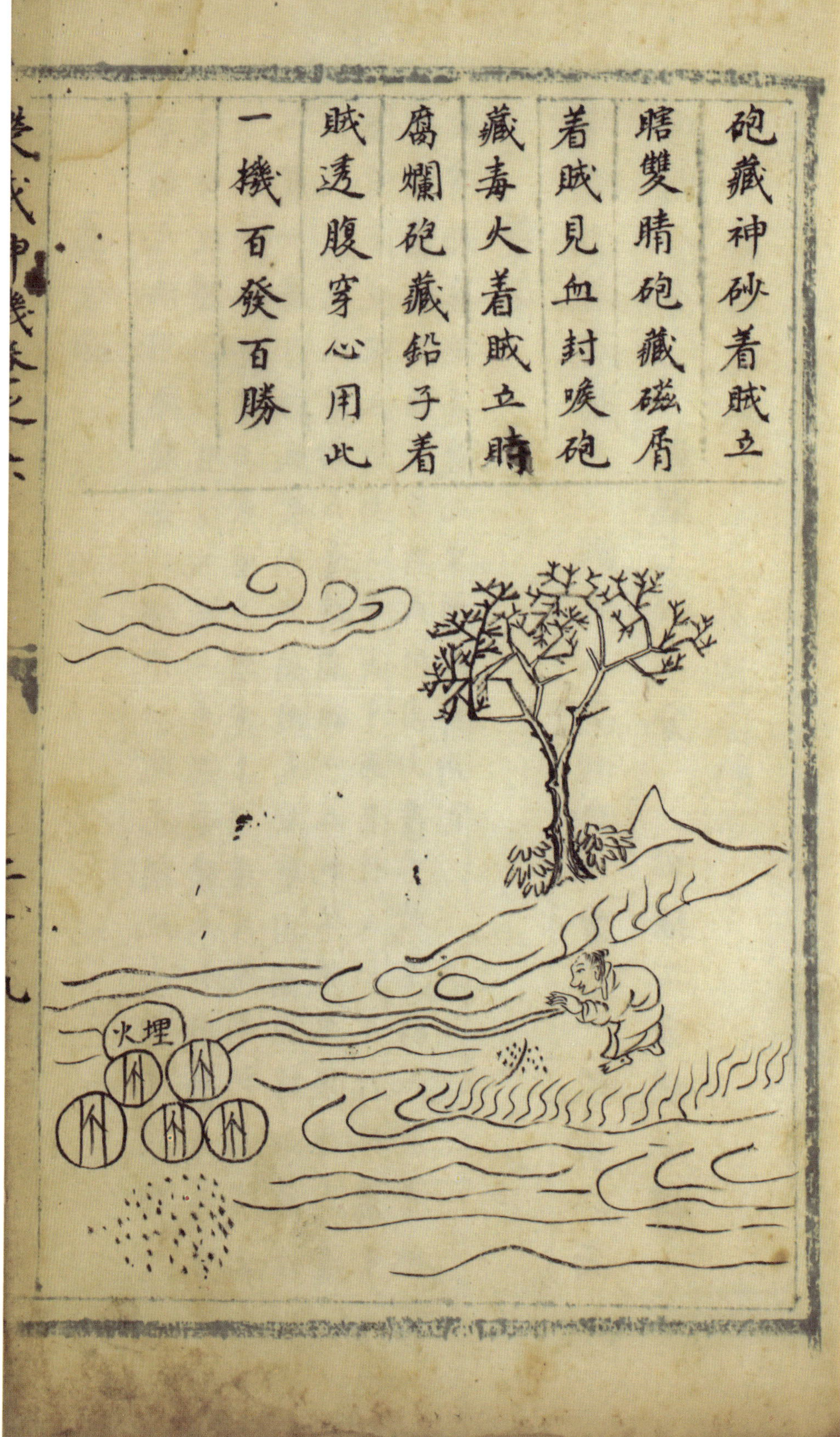

轟雷砲

安制之法用磁甕每二個作一砲先掘地三四寸深將一甕安住鑽二孔引信入地二寸深量甕大小用藥或二百斤或一百五六十斤或百斤踏實上用蓆片或荊扒蓋之上又覆一甕打去底裝土令滿用大石壓周圍用磚砌壘以石灰嵌泥之其砌三層磚圓如一丘狀下將地掘作土溝遠引百步劈大竹為二半去中節置竹瓦一半於地溝中中置藥信上蓋一片竹瓦仍用土覆之賊至約入套中燃信擊砲傷賊甚衆此軍門之神術也

藥方

淨硝十兩七錢　柳灰二兩四錢八分　硫黄二兩四錢八分　朝腦三錢二分　班猫二分燒酒拌

轟雷砲式

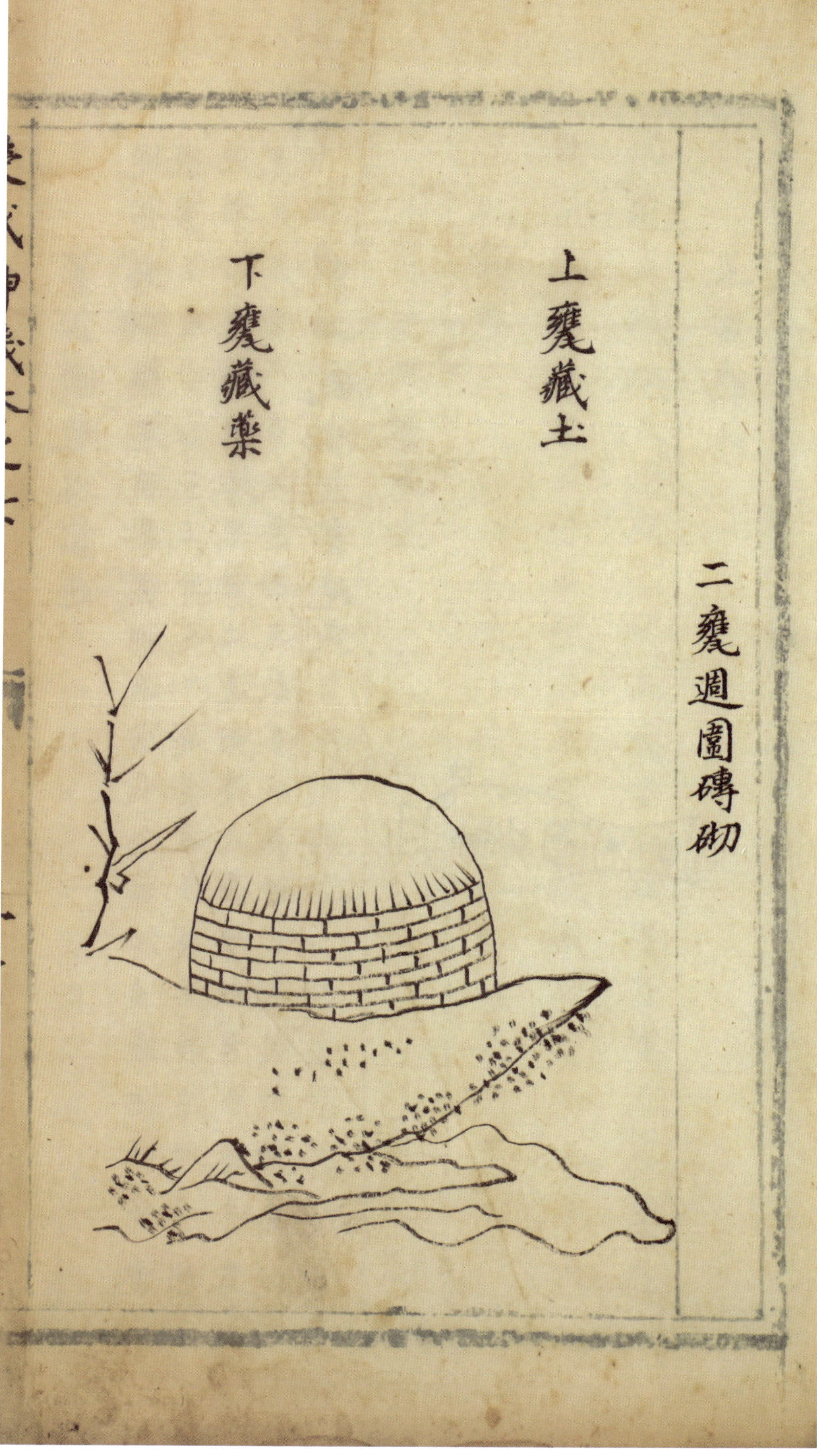
二甕週圍磚砌
上甕藏土
下甕藏藥

穿山破地火雷砲

砲用鎔銅鑄造或熟鐵打成或式如碗口身長四尺中容發藥五升晉鉛子三斤先下發藥次下發馬再下鉛子相地勢之宜而用之信發之後焰飛火烈聲如巨雷林木皆震人馬遇之擊成虀粉無敵不破無功不成驗如神矣

穿山破地火雷砲式

五雷轟山

用碗口鐵砲五個或安架上或安山口要有隙之處藥信盤旋次第而發石子石砲若飛蝗充敵無所措手令一人守此處點火次第而發攻打賊人後速負此砲回寨

自犯伏弩火砲

如賊衆我寡我兵難敵必須用計勝之先於要害之地預埋地雷火砲弩箭等器各設消息以鐵線牽引火候待交戰之時我兵詐敗抛下衣物旗幟於消息之上賊見衣物必取若扯動消息其火候即起地雷火器即發砲打箭射

火焚烟燎以傷其賊以挫其鋒我則復兵攻之無不勝也
或先將地雷火砲弩箭等器及神火烈火毒火爛火飛火
法火神烟料賊必至之地預埋停當上盧立一营將火候
安於地坐之內待賊至詐棄此營賊必占拒燒動其坐火
即發矣至妙

神機滅敵

用泥木匠將房墻各留衚衕通貫坐火烟喉上通房若再
用火藥手製造火花瓶百個安於衚衕內竹竿通透裝藥
線週圍相通獨於門墻左右多火筒大丸稅入炊飯火入

坐内火光封門隨即四墻火起若亦隨燃則敵入者無出也

製機橋火砲

其製量河寬狹水勢深淺用木梁一根為軸置板橋於梁上於兩頭穿穴積上臺臺座以繩拴木梁舌上引至臺中傍伏一卒待賊皆正過橋中急扯橫舌滾下運動兩邊伏砲弩箭俱發賊必沉水中矣再渡河以攻擊其賊無不被傷也

製倚山鑿石火砲

用石匠於冲要處隘口鑿爲砲安置二十處或三五十處要處隘口鑿石爲之以河內小石爲河用藥信連接一處每機一萇石子一二萬餘用小紅旗爲號　見紅旗必取扯犯火候其砲連接亂打或穿伏穴藏卒在內或潛伏山頂上料賊至山頂扯犯消息其砲滿山經緯俱發彈子若驟電相擊　不見兵卒止見神罷自打豈敢放肆攻城只用一二卒扯砲可以防守一城無虞矣

連環弩

用荊竹木爲弩用在山谷道傍夾路之間或百或千裝埋

草內每十弩用一竹轉桶或三層五層轉就每層一個消息如數過此打動一個消息則萬弩齊發無不中也

騰蛟弩

弓式如弩但其消息安置之妙不同陣城之外敵遊之所埋地之中弓背向上柄頭着地虛其兩稍箭安弦上以竹綳繫柄後絆弦消息以土覆之惟竹露外竹動箭去

自立營

用竹作旗竿後安垂石稍頭藥線綁縛至地凡四角四門俱如此各線總歸一線信至火發各旗自起遂成營一矣

尅敵武畧熒惑神機卷之六終

克敵武略熒惑神機卷之七　劫營火器

燒天猛火無攔炮

用紙造爲紙炮，中藏神火二十，有三十種飛火、毒火、法火、噴火、烈火、爛火，中用爆火發之。遇風高月黑之夜打入賊營，其火或飛或去，或跳或躍，撲入眼目，燒人鬚髮，隨風四散，焚糧驚馬，勢不可遏。飛入賊隊，彼必自亂，乘此奮擊，必大勝也。

燒天猛火無攔炮式

神威烈火夜叉銃

銃與常銃相同，不必另造，惟用堅木車爲法馬，馬後空車，填以火藥，帶火飛去，馬上釘利鏃，鏃上蘸虎藥，再用紙筒裝神火、爛火、飛火、毒火，以鐵綫繫縛於鏃上。遇人馬則釘入骨，見血封喉，皮肉腐爛；遇輜重則焚糧草；遇船則燒蓬帆。鏃製三稜倒鈎，遇物釘入則摇拔不出。器雖常製，而利害百倍，極矣。

夜叉銃式

飛雲霹靂炮

炮用生鐵鑄造，其大如碗，其圓如球，中容神火半升，以母炮發去，飛入賊營，霹靂一聲，火光迸起。若連發十炮則滿營皆火，如燒糧燒寨則用火，燒人燒馬則用毒火、烈火、爛火，神烟、飛火、神火，隨機應用。先使驍將奇兵相其地勢預埋伏，偃旗息鼓，用亂而擊之，又於應走之處多張旗幟，設爲疑兵，此昔古聖賢名將不傳之心法也。

飛雲霹靂炮式

火裝囊

萬人之中，選有膽量越千夫之人數名；萬馬之中，選馳驟若飛之馬數匹。身披甲胄，隱闊面短刀，暗懸小一窩蜂并驚風牝猪及旋風狼牙炮、醉仙球等器及鬪敵不暇措手之物，假作下書或假請和，至敵營寨，不問得進不得進，近敵之營即將火器遺下。若一火發則餘俱發，燒輜重挫敵之志也。若一時有隙，用之甚妙。恐有鈎刀，則執小窩蜂驅之，有箭射則以短刀掩面而出，祇可攻其無備，出其不意，此法始爲軍伍中之一功耳。古人云：重賞之下，必有勇夫。

醉仙球

球徑一尺二寸，内安行火藥二筒，藥信合總，露於球外，用紙糊定。『夜不收』竊負敵營，點火潛出，火發盤旋，東西跳躍，〔虜〕馬驚奔，營寨必亂，乘亂擊之，大勝也。乃惑軍鬪夜之術耳。

此段爲明嘉靖時人添加。

旋風狼牙炮

紙炮徑四寸厚一寸，炮内安飛燕子二十個，外有行火藥四筒，長五寸，圍四寸，外用竹作筐，共糊作一火炮球，亦劫營之具。火發盤旋畢，有炮鳴，驚傷人馬，後有飛燕子帶鐵蜂，刺上有毒藥，於敵營刺馬足。飛燕子筒長二寸，圍一寸八分，内裝行火藥，尾上安尖釘，釘上塗見血封喉藥。

克敵武略熒惑神機卷之七終

尅敵武畧熒惑神機卷之七

劫營火器

燒天猛火無攔砲

用紙造為紙砲中藏神火二十有三十種飛火毒火法火噴火烈火爛火中用爆火發之遇風高月黑之夜打入賊營其火或飛或去或跳或躍撲入眼目燒人鬚髮隨風四散焚粮驚馬勢不可遏飛入賊隊彼必自亂乘此奮擊必大勝也

燒天猛火無攔砲式

神威烈火夜叉銃

銃與常銃相同不必另造惟用堅木車馬法馬馬後空車填以火藥帶火飛去馬上釘利鏃鏃上蘸虎藥再用紙筒裝神火爛火飛火毒火以鐵線繫縛于鏃上遇人馬則釘入骨見血封喉皮肉腐爛遇輜重則焚糧草遇船則燒蓬帆鏃製三稜倒鉤遇物釘入則搖拔不出器雖常制而利害百倍極矣

夜叉銃式

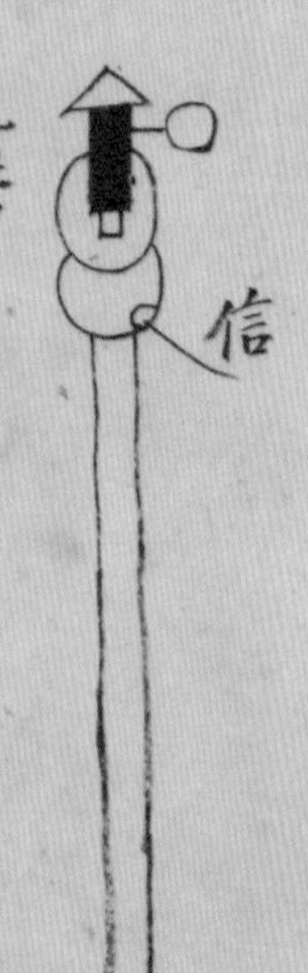

飛雲霹靂砲

砲用生鐵鑄造其大如碗其圓如毬中容神火半斤以毋砲蒺去飛入賊营霹靂一聲火光迸起若連發十砲則滿營皆火如燒粮燒寨則用火飛火神火燒人燒馬則用毒火烈火爛火神焗隨機應用先使驍將奇兵相其地勢預

埋伏偃旗息鼓用亂而擊之又於應走之處多張旗幟設為疑兵此昔古聖賢名將不傳之心法也

飛雲霹靂砲式

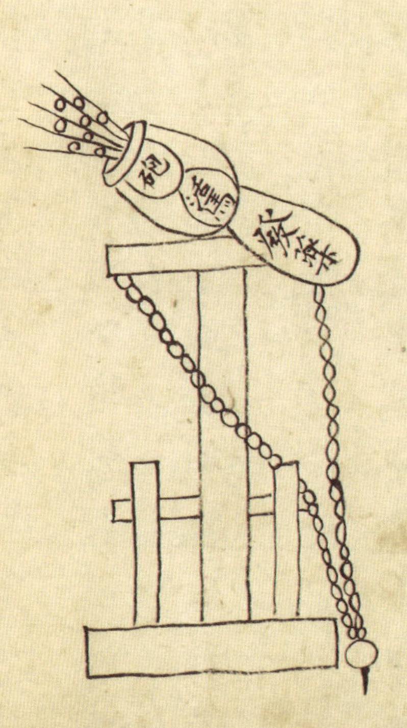

火裝囊

萬人之中選有膽量越千夫之人數名萬馬之中選馳驟若飛之馬數匹身披甲胄隱潤面短刀暗懸小一高蜂并驚風㧞猫及旋風狼牙砲醉僊毬等器及鬧敵不暇措手之物假作下書或假請和至敵營寨不問得進不得進近敵之營即將火器遺下若一火發則餘俱發燒輜重挫敵之志也若一時有隙用之甚妙恐有鉤刀則執小高蜂驅之有箭射則以短刀掩面而出只可攻其無備出其不意此法始為軍伍中之一功耳古人云重賞之下必有勇夫

醉仙毬

毬徑一尺二寸內安行火藥二筩藥信合總露於毬外用紙糊定夜不收竊負敵營點火潛出火發盤旋東西跳躍馬驚奔營寨必亂乘亂擊之大勝也乃惑軍鬧夜之術耳

旋風狼牙砲

紙砲徑四寸厚一寸砲內安飛燕子二十個外有行火藥四筩長五寸圍四寸外用竹作筐共糊作一火砲毬亦刼營之具火發盤旋畢有砲鳴驚傷人馬後有飛燕子帶鐵

蜂刺上有毒藥於敵營刺馬足飛燕子筩長二寸圍一寸八分内裝竹火藥尾上安尖釘釘上塗見血封喉藥

尅敵武畧熒惑神機卷之七終

克敵武略熒惑神機卷之八　攻城火器

神火飛鴉

用竹篾製造，形如飛鳥，兩傍爲風翅，腹懸火藥，尾縛催火。一遇大風，飛送入城中，火光蔽天，賊見而不亂者鮮矣，可乘風攻之。

〔神火飛鴉式〕

轟天霹靂猛火炮

凡攻城無路可入，必用此炮，斯能克捷。炮用生鐵熔鑄，或藥二升，或容三升。搭立高架，四面齊發，打入城内，屋瓦皆飄烈火，滿城盡成灰燼，神不能知，將不能禦，乘亂攻之，破之必然勝矣。

硝一斤、黄八兩、朝腦六兩、雄黄四兩、鉛粉（鉛粉：碱式碳酸鉛。古人用食醋熏蒸金屬鉛的薄片而製成。《本草綱目》：每鉛百斤，熔化，削成薄片，捲作筒，安木甑内，甑下甑中，各安醋一瓶，外以鹽泥固濟，紙封甑縫，風爐安火四兩，養一七，便掃入水缸内，依舊封養，次次如此，鉛盡爲度。）二兩。或裝飛火、神火、烈火，連打數炮，滿城火起無救。

轟天霹靂猛火炮式

毒龍噴火神筒

截竹爲筒，約長三尺，以貯毒火懸於高竿之上，令壯士持至城上，乘風發火，人不能守。隨立雲梯，令敢死士蟻附而登，内外相應，城雖金湯，破在頃刻。或如烈火、飛火、噴火、爛火、神烟、神砂，乘風噴火，燎賊面皮，鑽賊孔竅，伫立不定，昏暈倒地，乘勢攻之必破。

毒龍噴火神筒式

毒霧神烟炮

用狼糞、艾朒、砒霜、雄黄、石黄（石黄：即雌黄，主要成分爲As_2S_3，晶體屬單斜晶系的硫化物礦物。）、皂末（皂末：應該是皂角之粉末。）、姜粉、蓼屑（蓼屑：推測爲木天蓼的粉末。）、椒末、巴油（巴油：巴豆榨取的油。）等藥，或如神火、毒火、飛火、烈火、爛火、發火、神烟、神砂，隨宜而用不拘於一，和合如法，藏於炮内。攻打上城，火發炮碎，烟霧四塞，燎賊面目，鑽賊孔竅，焚賊衣鎧，乘機而發，無不破矣。

毒霧神烟炮式

雲樓攻

以杉木絞作虎頭蓬子數百，大小得宜，量地勢大小，或攻高望遠，或觀敵之虚實。《孫子》曰：攻其三月而得成。（攻其三月而得成：『具器械，三月而後成。』謂備兵時間之長，雲樓乃捷徑也。）此乃捷徑之法。以竹索牽之禦風，又可安神機炮於上，攻高山之寨柵，權變之法在乎主帥，居敵重地，方可用之。

破城炮

炮與將軍炮藥同，用鐵匠打造，鐵炮與今之神槍同形，腹徑二寸五分，管長八寸徑二寸，裝藥九分畢，將馬子用送子打至炮腹，邊上插三叉木杈，内安紙炮一筒。以黑夜乘便處鳴金擊鼓，混雜其聲，點火打進城内營中，使其莫測。其炮上火綫盤三五轉以紙糊避火，出，勿令人見。又預用間諜謀於城内似其内叛者，使彼主帥疑左右而有叛者，使其自殺之。

天降炮

用紙竹作極大風箏，上以藥綫繫各樣炮球傷人之物，上安走綫，離敵城數里放起，約至彼城上，走綫火起，炮球齊落，可以傷人。或自上降火，可以焚人房屋。勿用響弦，令人莫識矣。

飛火油車

用兩輪車，中爲爐，上施鑊，滿盛以油，下熾炭，令沸，仍四面積薪，推至城池門樓下縱火而去，敵必下水沃之，油得水其焰亦高，則城樓可燔矣。

克敵武略熒惑神機卷之八終

尅敵武畧熒惑神機卷之八

攻城火器

神火飛[illegible]

用竹篾制造形如飛鳥兩傍爲風翅腹懸火藥尾縛催火一遇大風飛送入城中火光蔽天賊見而不亂者鮮矣可乘亂攻之

轟天霹靂猛火砲

凡攻城無路可入必用此砲斯能克捷砲用生鐵鎔鑄或藥二升或容三升搭立高架四面齊發打入城内屋瓦皆飄裂火滿城盡成灰燼神不能知將不能禦乘亂攻之破之必然勝矣

硝一斤　黄八两　朝腦六两　雄黄四两　鉛粉二两

或裝飛火神火烈火連打數砲滿城火起無救

轟天霹靂猛火砲式

毒龍噴火神筒

截竹為筒約長三尺以貯毒火懸於高竿之上令壯士持至城上乘風發火人不能守隨立雲梯令敢死士蟻附而

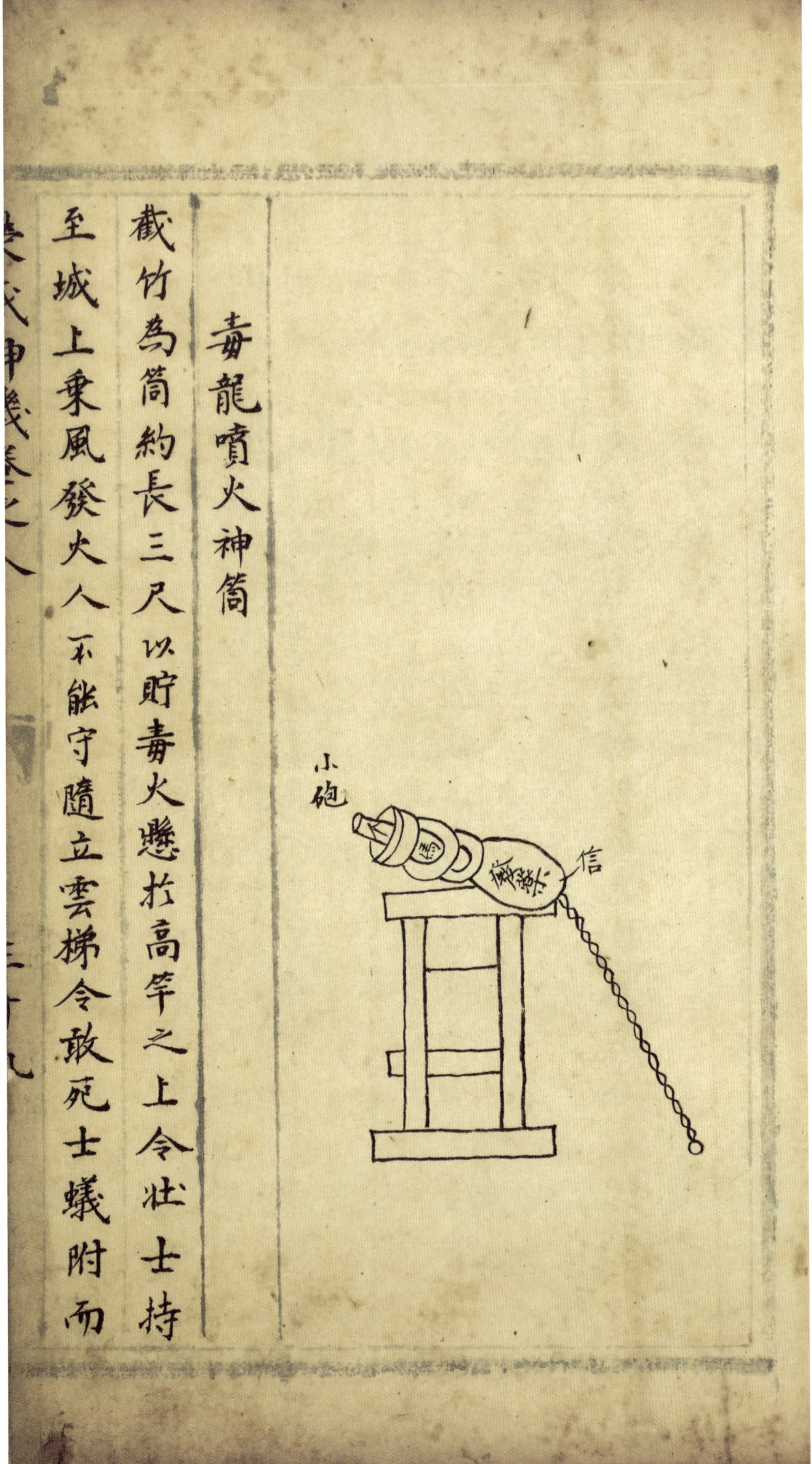

登內外相應城雖金湯破在傾刻或如熨火飛火噴火爛火神烟神砂乘風噴火燎賊面皮鑽賊孔竅䇄立不定昏暈倒地乘勢攻之必破

毒龍噴火神筒式

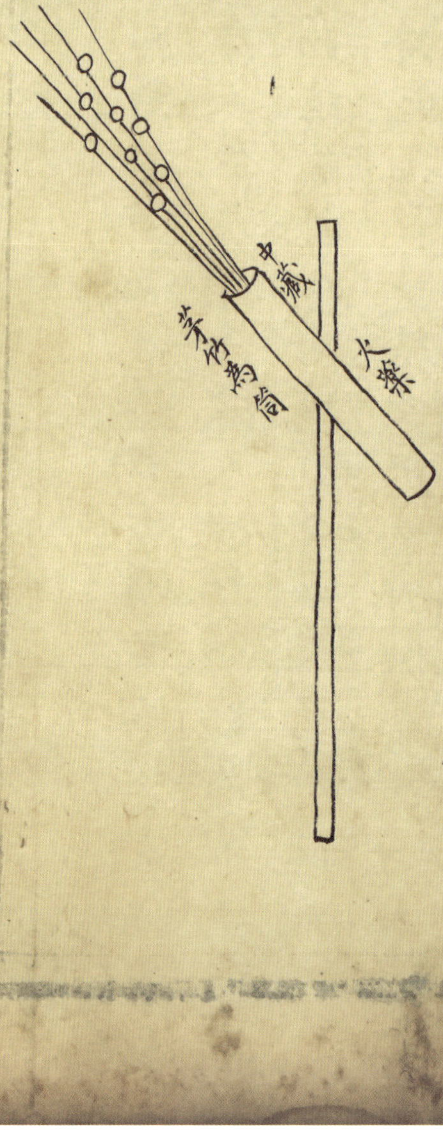

中藏
火藥
芦竹為筒

毒霧神烟砲

用狼糞艾朐砒霜雄黄石黄皂末姜粉蔘屑椒末巴油等藥或如神火毒火飛火烈火爛火簇火神烟神砂隨宜而用不拘於一和合如法藏於砲內攻打上城大發砲碎烟露四塞燎賊面目鑽賊孔竅焚賊衣凱乘機而發無不破矣

毒霧神烟砲式

小砲藏毒霧神烟

毋砲發藥送出

將軍砲

雲樓攻

以杉木絞作虎頭蓬子數百大小得宜量地勢大小或攻高望遠或觀敵之虛實孫子曰攻其三月而得成此乃捷徑之法以竹索牽之禦風又可安神機砲於上攻高山之寨栅權變之法在乎主帥居敵重地方可用之

破城砲

砲與將軍砲藥同用鐵匠打造鐵砲與今之神鎗同形腹徑二寸五分管長八寸徑二寸裝藥九分畢將馬子用送子打至砲腹邊上揷三叉木杈內安紙砲一筒以黑夜乘

使處鳴金擊鼓混雜其聲點火打進城內營中使其莫測其砲上火線盤三五轉以紙糊避火出勿令人見又預用間諜詐於城內似其內叛者使彼主帥疑左右而有叛者使其自殺之

天降砲

用紙竹作極大風箏上以藥線繫各樣砲毬傷人之物上安走線離敵城數里放起約至彼城上走線火起砲毬齊落可以傷人或自上降火可以焚人房屋勿用響弦令人莫識矣

飛火油車

用兩輪車中爲鑪上施鐵滿盛以油下熾炭令沸仍四面積薪推至城池門樓下縱火而去敵必下水沃之油浮水其焰亦高則城樓可燔矣

尅敵武畧熒惑神機卷之八終

克敵武略熒惑神機卷之九　防守火器

神火萬全鐵圍營法

兵法曰：進爲陣，止爲營（進爲陣，止爲營：見《軍志》，『止則爲營，行則爲陣。』）。故營與寨，大將軍護兵之所，三軍保命之地。見勢不虞，即奔本營本寨，賊須攻圍可以保者，豈有他哉？以有法器可恃也。用堅木爲櫃，分作四層，内排神弩、神箭、神彈、神槍十六件，遠近相間。一櫃用壯士五人守之，賊如近攻，萬火齊發。與神牌間隔分列八門，出入有路，仍將兵分一奇撥，將銃之號旗、號炮總於中軍，出其不意，時戰時止，彼兵不得休息，乘機一擊而功成矣。

神火萬全鐵圍營法式

鐵汁神車

如賊造衝車、板屋、革櫳遮蔽形體，推至城下，滚木炮石俱不能破，勢不可禦，危在旦夕者，可用堅木造車，下設四輪，以便推轉。載以冶爐，熔以鐵汁。剖竹爲槽，塗以漿泥，曬令極乾。如賊在城下攻打，隨推神車以鐵汁注於城下，如萬道火星四散迸擊，雖厚木層革，遇之無不穿透。用此車五十輪足抵精兵十萬，且力不疲而功甚大矣。

其主鐵常煅火上，令紅，則易化竹槽内，塗泥漿曬乾，宜多備數條，以便急用。

鐵汁神車式

神仙機自發排人銃

用巨木鋸爲兩半，剜刻陷槽以嵌火器，外鐵釘環以安毒火，將鐵索懸於城垛之外，内用鐵錨墜於城脚下。其妙在藥信盤曲有方，藥信仍以礬紙護之，以防風雨，其神器與神火相間。如賊攻城，看勢之緩急、賊之遠近，次第發出，其火燒器擊，縱有百萬兵賊圍繞，可以談笑而却之矣。或出奇兵以擊之，爲將者知此，則在在如金湯之固，而國家可以勢之爲長城矣。其火器如神彈、神槍、神銃、神箭、神砂，可與飛火、毒火、烈火、法火、神火、爛火相間而用之。

神機自發排人火銃式

天兵拒敵神牌

牌用生牛革爲障，襯以亂髮，綴以綿絮，塗以軟膠（軟膠：似爲飴糖一類的東西。），周圍用鐵爲鞠（鞠：作邊框。），張以軟帛，不可綳緊，禦彈矢，蓋柔能製剛故也。凡彈矢透堅遇柔則勢自緩，此皆智貴於察藥之性，將士知器之用也。

天兵拒敵神牌式

萬火飛砂瓦炮

用燒酒炒製礦砂，和以牙皂、姜粉、砒硇、毒藥，盛於瓦罐，中藏爆火，擲於城外，其火發罐碎，烟飛霧障，撲賊眼目，繼以炮石弩矢擊之，賊縱驍勇，其能飛入乎？

瓦炮式

爛骨神油火炮

法用桐油（主燒主染火）、銀銹、硇砂（主爛皮肉），金汁、蒜汁（主毒）、浸炒鐵砂、磁蜂，將生鐵鑄小子炮發去，一擊粉碎，沾人皮肉立爛，入眼即瞎，衣物沾火即燒，雖身生羽翼，亦不能施展矣。

鐵炮式

虎尾炮

此虎尾炮製也，與火車炮同威，此炮大將軍用之更勝，但火車可隨師遠行，而此炮止守禦利極，若遠隨費人力。所以或置之城上城門，或置之中軍營角，火鋒一出，其聲如雷，其砂彈如雨，其噴槍如趕將之捷，二三百步之威，一炮當鋒，千軍辟易。營中有此十炮，可當十萬之師也。

虎尾炮式

火車

此火車製也，上三大銃謂之三才，下六火箭謂之六甲。或用之城門，攻城者不敢近；或隨之營陣，偷劫者聞之將遠避其鋒。火炮口俱有行槍，着人即碎其四肢。火箭俱用極銃鐵鏵，箭頭着人即穿心透骨，軍威大利，妙不可言。

火車式

萬勝神火屏風

屏風以堅木製造，高與城門相等，下設四輪，外以生皮爲障，内藏神利火器一十一件。遠用遠器，近用近器。壯士守之，賊一近城，神箭、神槍、神銃萬火齊發，聲震如雷，人馬遇之，擊成齏粉。高坐城樓談笑而遣之，此守城第一器也。

神火屏風式

百子連珠炮

銃用精銅熔鑄，約長四尺，中容法藥一升五合。藥從口發，旁鑄一嘴長一尺有餘，約藏鉛彈百枚。竪木爲架，八面旋轉措於架上，竪起則彈落，銃竅次第發出，以擊賊兵，使不得攻我營寨。此銃一架足抵强兵五十人。銃藏發藥一升五合，鉛子一百枚，連珠發去，此器用安營紮寨，防守城池，則萬賊不敢近。八面旋轉百子連珠，人馬遇之，穿心透腹。

百子連珠炮式

空營舉火發法

用花火藥裝入紙筒内，外配犁砂，仍用鐵筒盛住，同大竹筒通節，周圍遠近相合，孔眼通貫。四面掘窑坑，各伏一人，預防盜賊燃綫。五方按色竪旗，束草爲人，飾戎服，妝以金銀盔甲，各持槍刀列成行伍，遇夜静時長燃香舉火，雖是空營，賊人未知虚實，我則臨機應變，仍有妙用。

毒藥烟球

球重五斤，用硫黃十五斤、草烏頭十五兩、焰硝（焰硝：即硝石。）一斤十四兩、巴豆五兩、狼毒（狼毒：瑞香科、狼毒屬植物，根入藥，有毒。）五兩、桐油二斤半、菜子油二斤半、木炭末五兩、瀝青二兩半、砒霜二兩、黃蠟一兩、竹茹（竹茹：禾本科植物青稈竹、大頭典竹或淡竹的莖稈的乾燥中間層，乾燥後成纖維團狀。）一兩一分、麻茹（麻茹：麻纖維。）一兩一分，搗合爲球，貫之以麻索，一條長一丈二分尺，重半斤，爲弦子。更以故紙十二兩半、麻皮十兩、瀝青二兩半、黃蠟二兩半、黃丹（黃丹：也叫鉛丹、丹粉、朱粉、鉛華，即純鉛加工而成的四氧化三鉛。）一兩一分、炭末半斤，搗合塗傅於外。若其氣熏人，則口鼻血出，二物並以炮放之，攻城者必傷也。

火藥方：晉州硫（晉州硫：晉州所産的硫黃。）十四兩、窩黃（窩黃：應爲倭硫黃，一種日本所産的優質硫黃。）七兩、焰硝二斤半、麻茹一兩、乾漆一兩、砒黃一兩、定粉（定粉：即澱粉。）一兩、竹茹一兩、黃丹一兩、黃蠟半兩、清油（清油：一般指還没炒過菜或者還没炸過東西的菜籽油。）一分、桐油半兩、松脂十四兩、濃油一分。右以硫黃、窩黃、焰硝同搗羅（搗羅：用羅篩過。）過，砒黃、定粉、黃丹同研，乾漆搗爲末，竹茹、麻茹即微炒爲碎細末，黃蠟、松脂、清油、濃〔油〕同熬成膏，入前藥末，旋和勻，用紙五重裹之，用麻定要堅縛，更別容松脂傅之，用砲（砲：這裏指拋石機。）放之。

此條目引自《武經總要·前集》卷十二，元明時已淘汰不用。

鐵嘴火鷂

木身，束稈草爲尾，入火藥在尾内。竹火鷂編竹爲疏眼籠，腹大口狹，形微修長，糊紙數重，刷金黄色，入火藥一斤在内，加一小石使其勢重，束稈草三五個爲尾，二物與球相同。若賊來攻城，皆以炮放之，燔賊積衆。

一母十四子炮

以竹篾作炮胎，徑二寸，糊紙炮一十五個，先以一個作母，十四個作子，周圍抱住一個。炮之藥信長短俱總於内，外紙糊作·大炮，用墨迹記其藥信之所。此炮有十五聲響，次第而鳴，山上擲下，使敵焦頭爛額，仍有劫營雜用，通變在於主帥，可作號炮。

藥方：焰硝一斤、硫黄三兩二錢、杉木灰四兩。

藥信方：硝一斤、硫四錢八分、杉木灰四兩八錢，三味滴水研細，曬乾再研。

人信方：硝四兩三錢、黄一錢二分、灰一兩。

荔枝炮

瓦匠造土炮如荔枝形，碗大空腹，内容藥二合，留小指頭大一眼，厚一寸，燒作瓦炮。藥爲極細末，慢慢磨入炮内，約有九分，以竹一節釘入炮中，空處入藥信以紙糊定。如遇掘挖墩臺之賊，點火擲下擊賊，炮響破後，碎炮瓦擊之，火藥燒之。

炮藥方：焰硝一斤、硫黄四兩、杉木灰四兩，俱研極細末，入炮内。

火龍口

以小口大腹瓶，將藥爲末，每藥一升對木屑一升，實按瓶内，紙糊十數層，安信藥，將繩繫住横腰，如遇前賊，點火將擲下墩臺燒賊，守城亦可。

藥方：焰硝一斤、硫黄四兩、柳條灰四兩、砒霜四錢八分。

藥信方：絶好焰硝一斤、硫黄四錢八分、杉木灰四兩八錢。非火龍口不用此二味，滴水碾之極細，曬乾再碾。

風塵炮

廣子石灰（廣子石灰：生石灰，此叫法有地域性。）羅過，桑柴灰（桑柴灰：爲桑科植物桑的木樹所燒成的灰。）各等分，大火炒半炷官香，用大口小底瓶，底鑿一竅，安紙炮一個在内，藥信從底竅中入，將石灰實築瓶内，生牛皮封瓶口。用則取上風放之，炮響瓶破，灰揚迷目，致勝之法。山上擲下及平陸擊敵，下風者莫能喘息開目。遇掘登墩臺之賊，用此擊之，紙炮用鷄子殼，前裝荔枝藥滿，外以紙糊，曬乾再糊，以厚三分爲度。凡遇賊來攻城，即以此風塵炮擲下，炮響瓶破，灰塵四塞，賊難開目矣。此守城之要法也。

鐵車兵

用尋常小車，前用遮板，高六七尺，闊三尺，鐵葉裹之，上釘一二尺許狼牙大釘，上留數小眼放箭放槍，下留三大眼放百子火炮。每尺一車用四人，一人推車，一人車上點炮，二人兩邊射箭，兵器維持。每出兵用車數百輪，四面皆如此，行則爲陣，住則爲城，如鐵山也。

連珠箭

桑木作弓，照常弩樣，但柄上面留二渠，渠上作一木匣，作兩箱盛箭二十枝。其箭長八寸，有翎無殼，上用一鐵絆安於柄上。用時將絆一班（班：通『扳』。），其弦自入殼内，一推兩箭，如此發箭甚速，勢如連珠，攻擊極利之器。箭頭用前毒藥製，可以防守。

地雷

近女墻處或城壕裏，多埋地雷綫牽城上，敵至地雷一發，萬無一生。其雷以碗口炮内裝火藥，上塞石丸，一二步埋一個，以小竹去節中空，藥綫盛内以羊腸，松香固口，以防濕氣，上一綫連十綫，十綫連百綫，相連無窮矣。

懸城槍

形如短袖，槍内裝火藥，口銜石丸，傍生一柄，高懸城上。口向下垂，油紙封藏藥信，敵人傍城，火至不落。

防城石

用粗石不拘大小，其中鑿空，旁鑿一小眼安藥綫，内裝火藥，用石塞緊，散於城下，綫牽城上。敵人近城，火至，石碎擊人。

防城銃

用短柄小銃横釘城上，約二三尺高，綫繫城上，敵人近城，火至銃發擊人。

霹靂火球

用乾竹兩三節，徑一寸半，無罅裂者，存節勿透，用薄瓷如鐵錢大者三十片，和火藥三四斤，爆竹爲球，兩頭留竹寸許，加傅藥。若賊穿地道攻城，我則穴地迎之，用火錐烙球，炮聲如霹靂，再以竹扇簸其烟焰，以熏灼敵人，放球者須口含甘草解毒。如事在危急，烟球不備，用乾艾一石燒烟亦可。

糞炮罐

用薄瓦罐倒入藥一斤半，以草塞口。如敵人攻城，以炮放之，可以透鐵甲，中則成瘡潰爛。放炮之人仍以烏梅、甘草置口中以辟其毒。

藥方：人糞曬乾燒成灰存性，研成細末，十六斤，狼毒半斤、草烏半斤、巴豆半斤、皂角半斤、砒霜半斤、砒黄半斤、班猫四兩、石灰一斤、茬油半斤，入鑊内煎沸，拌前藥内，用罈盛之，封固聽用。

猛火神油

凡敵人來攻城，在大濠内及傳城者頗衆，勢不能過，則先用藁秣爲火牛，縋城下，於踏空板内放猛火油，中人皆糜爛。水不能滅，若水戰則可燒浮橋戰艦，先於上流簸糠秕、熟草以引其火，然後放猛火油焚之。但猛火油出占城國最爲難得，姑存之以備參考。

克敵武略熒惑神機卷之九終

剋敵武畧熒惑神機卷之九

防守火器

神火萬全鐵圍營法

兵法曰進為陣止為營故营與寨大將軍護兵之所三軍保命之地見勢不虞即奔本营本寨賊須攻圍可以保者豈有他哉以有法器可恃也用堅木為櫃分作四層內排神弩神箭神彈神鎗十六件遠近相間一櫃用壯士五人守之賊如近攻萬火齊蔟與神牌間隔分列八門出入有路仍將兵分一哥撥將銃之號旗號砲提於中軍出其不

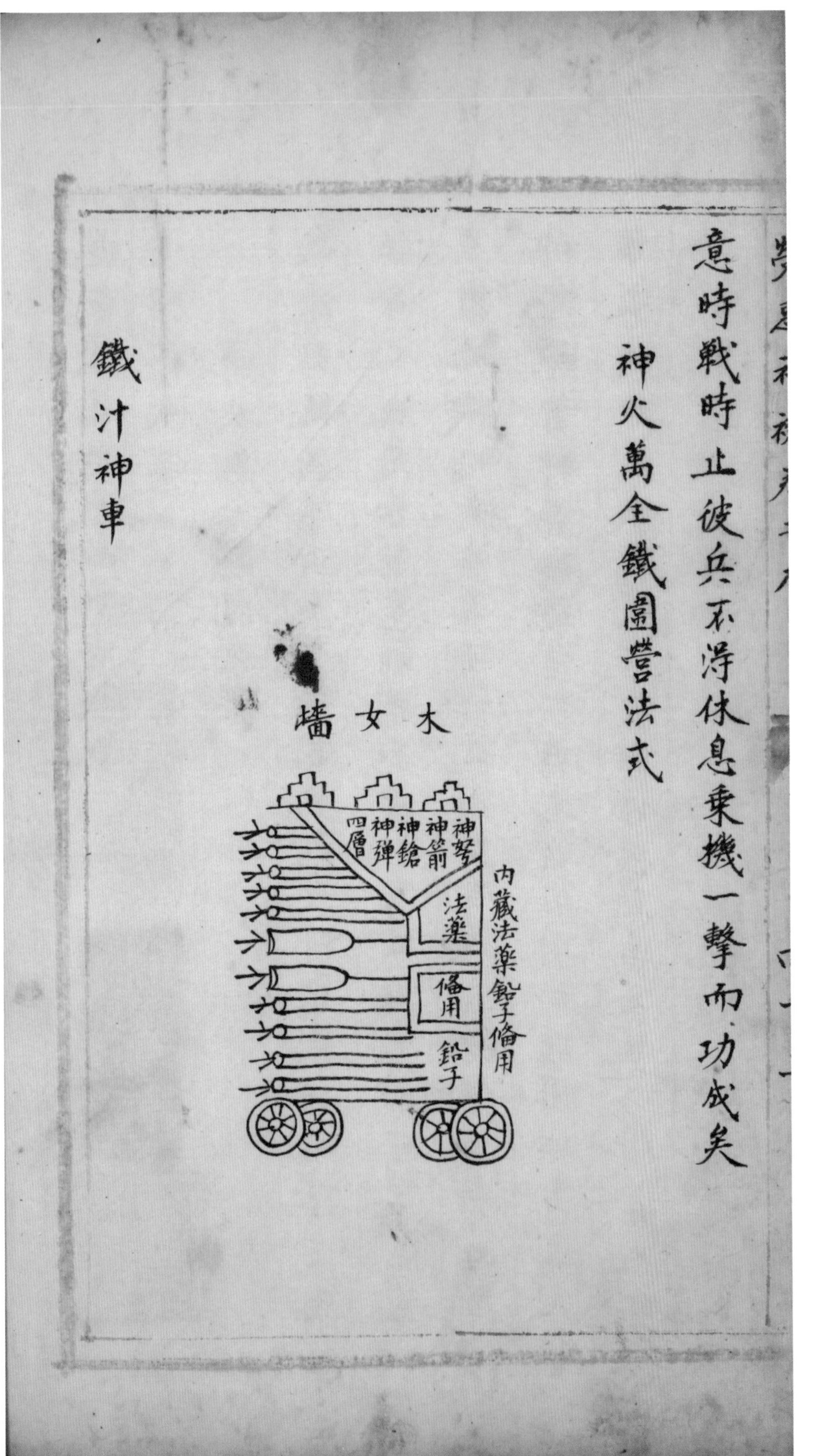

意時戰時止彼兵不得休息乘機一擊而功成矣

神火萬全鐵圍營法式

木女墻

鐵汁神車

如賊造衝車板屋草攏遮蔽形体推至城下滾木砲石俱不能破勢不可禦危在旦夕者可用堅木造車下設四輪以便推轉載以治爐鎔以鐵汁剖竹為槽塗以槳泥晒令極乾如賊在城下攻打隨推神車以鐵汁注於城下如萬道火星四散迸擊雖厚木層草遇之無不穿透用此車五十輪足抵精兵十萬且力不疲而功甚大矣

其主鐵常煅火上令紅則易化竹槽内塗泥槳晒乾宜多備數條以便急用

鐵汁神車式

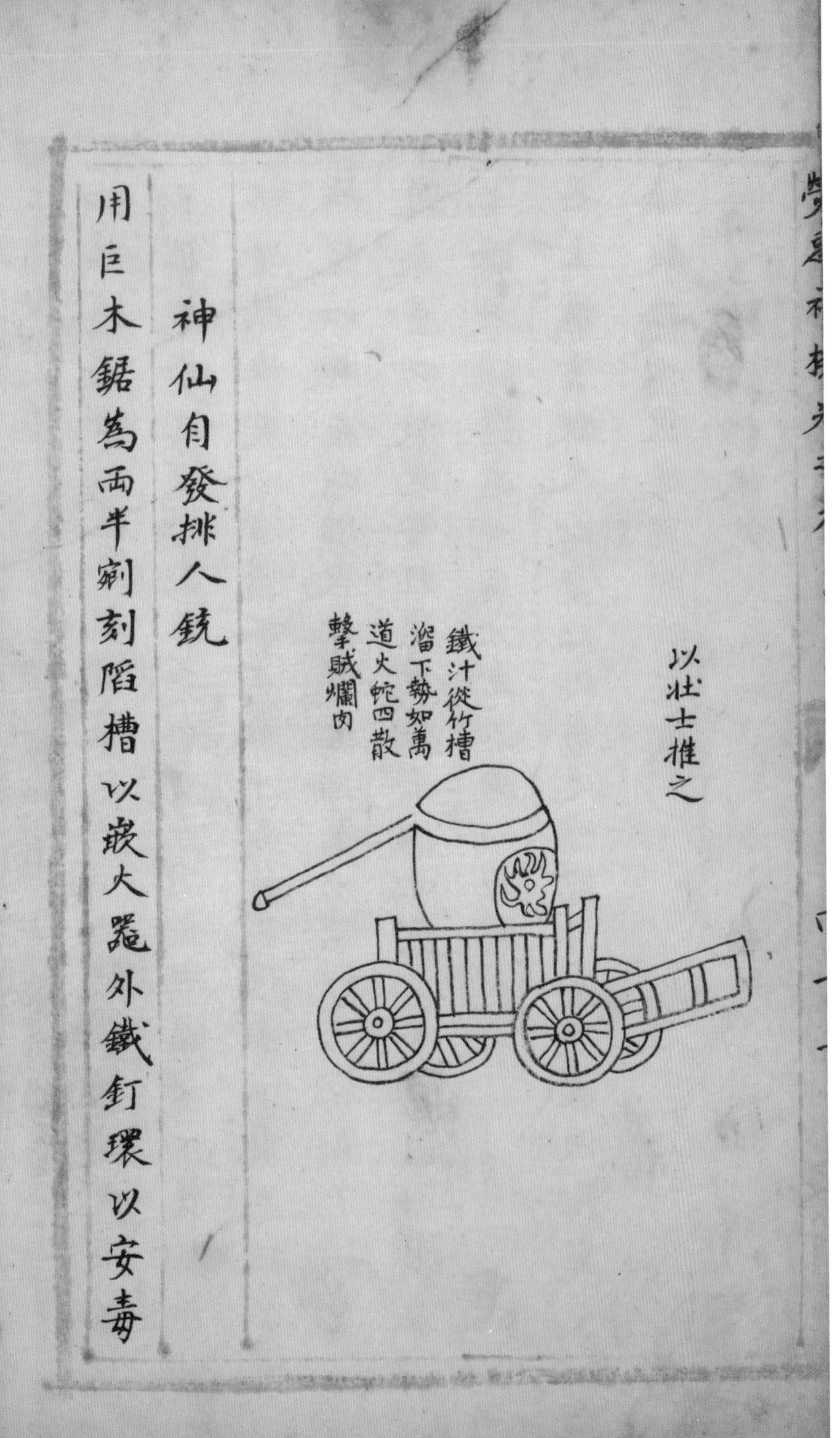

神仙自發排人銃

用巨木鋸爲兩半剜刻陷槽以嵌火器外鐵釘環以安毒

火将鐵索懸於城垛之外內用鐵貓墜於城脚地下其妙在藥信盤曲有方藥信仍以磬紙護之以防風雨其神器與神火相間如賊攻城看勢之緩急賊之遠近次第發出其火烧器擊縱有百萬兵賊圍繞可以談笑而却之矣或或出奇兵以擊之為将者知此則在在如金湯之固而國家可以勢之為長城矣

其火器如神彈神鎗神銃神箭神砂可與飛火毒火烈火法火神火爛火相間而用之

神機自發排人火銃式

天兵拒敵神牌

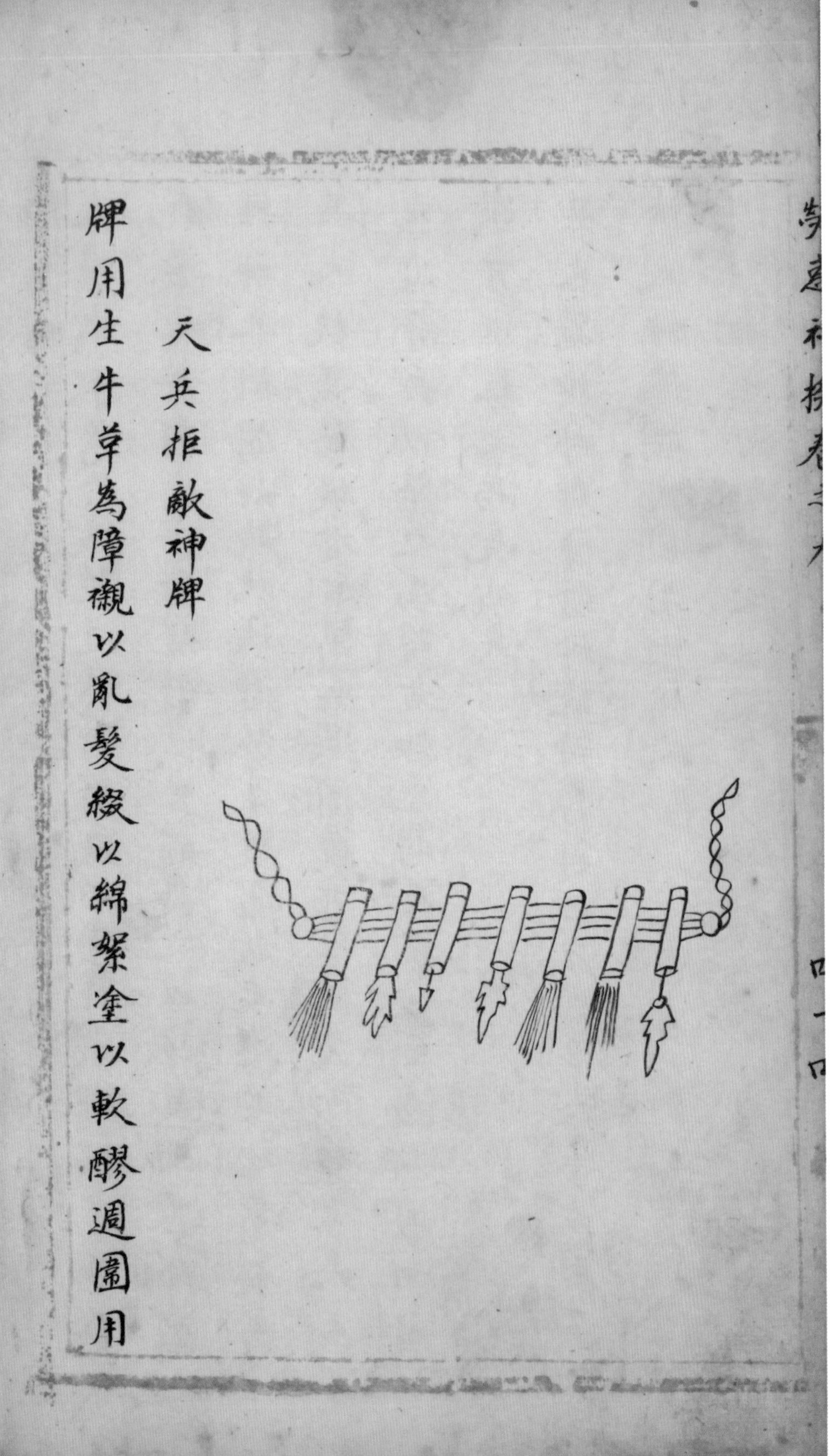

牌用生牛草為障襯以亂髮綴以綿絮塗以軟膠週圍用

鐵為鞠張以軟帛不可綳緊禦弾矢蓋柔能制剛故也凡弾矢透堅遇柔則勢自緩此皆智貴於察藥之性將士知器之用也

天兵拒敵神牌式

萬火飛砂瓨砲

用烧酒炒製礦砂和以牙皂薑粉砒硇毒藥盛於瓨罐中藏爆火擲於城外其火發罐碎煙飛霧障撲賊眼目繼以砲石弩矢擊之賊縱驍勇其能飛入乎

瓨砲式

神砲 中爆火天筒 飛砂

爛骨神油火砲

法用桐油主燒主染火 銀銹 硇砂主爛皮肉 金汁 蒜汁主毒浸炒鐵砂磁蜂將生鐵鑄小子砲發去一擊粉碎沾人皮肉立爛入眼即瞎衣物沾火即燒雖身生羽翼亦不能施展矣

鐵砲式

信

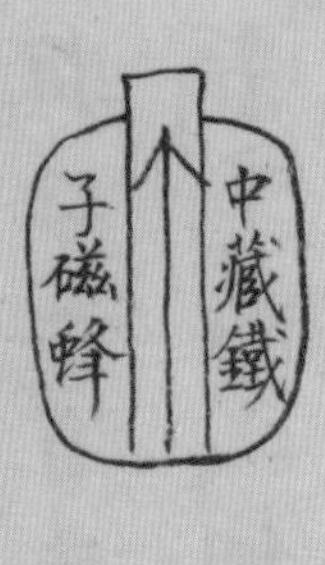

虎尾砲

此虎尾砲製也與火車砲同威此砲大將軍用之更勝但

火車可隨師遠行而此砲止守禦利極若遠隨費人力所以或置之城上城門或置之中軍營角火鋒一出其聲如雷其砂弾如雨其噴鎗如趕将之捷二三百步之威一砲當鋒千軍辟易营中有此十砲可當十萬之師也

虎尾砲式

火車

此火車製也上三大銃謂之三才下六火箭謂之六甲或用之城門攻城者不敢近或隨之營陣偷劫者聞之將遠避其鋒火砲口俱有行鎗着人即碎其四肢火箭俱用極銑鐵鏵箭頭着人即穿心透骨軍威大利妙不可言

火車式

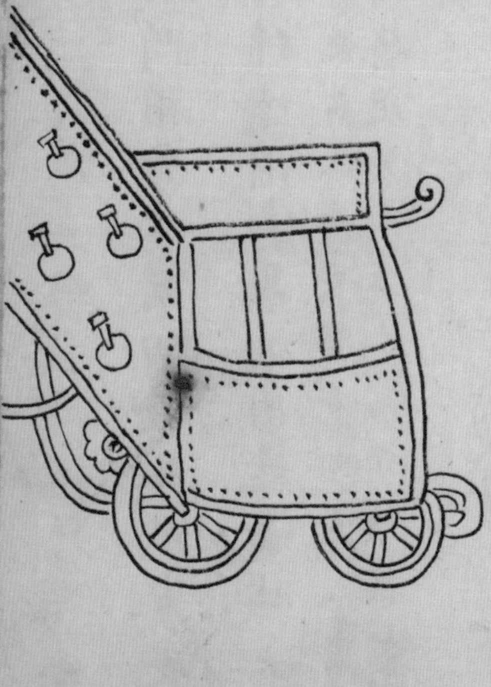

萬勝神火屏風

屏風以堅木製造高與城門相等下設四輪外以生皮爲障内藏神利火器一十一件遠用遠器近用近器壯士守之賊一近城神箭神鎗神銃萬火齊發聲震如雷人馬遇之擊成虀粉高生城樓談笑而遣之此守城第一器也

神火屏風式

屏風眼内出神器

百子連珠砲

銃用精銅鎔鑄約長四尺中容法藥一升五合藥從口發傍鑄一嘴長一尺有餘約藏鉛彈百枚竪木為架八面旋轉措於架上竪起則彈落銃竅次第發出以擊賊兵使不得攻我營寨此銃一架足抵強兵五十人

銃藏發藥一升五合鉛子一百枚連珠發去此器用安營扎寨防守城池則萬賊不敢近八面旋轉百子連珠人馬遇之穿心透腹

百子連珠砲式

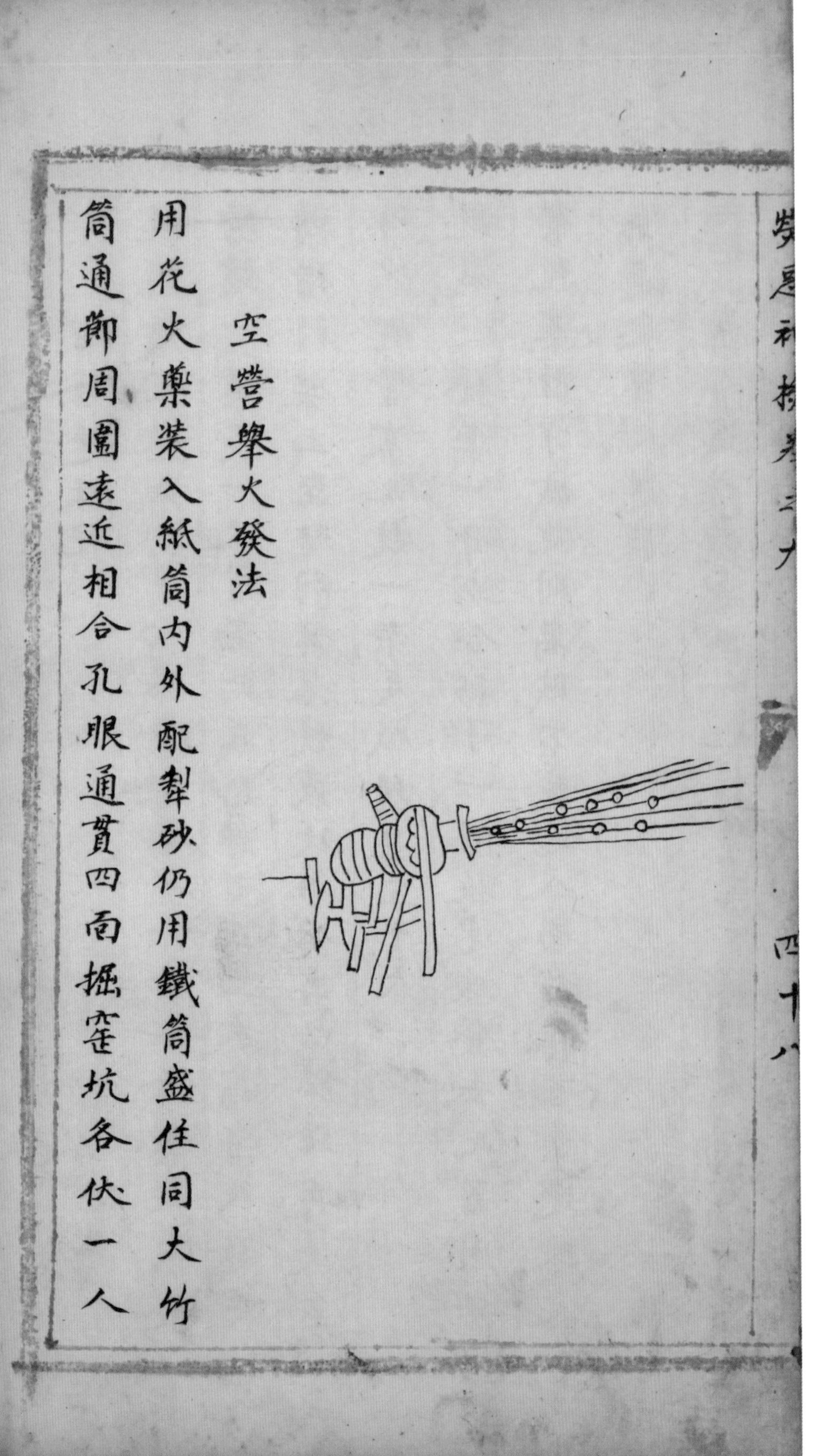

空營舉火發法

用花火藥裝入紙筒内外配㓵砂仍用鐵筒盛住同大竹筒通節周圍遠近相合孔眼通貫四面掘窪坑各伏一人

預防盜賊燃線五方按色竪旗束草為人飾戎服粧以金銀盔甲各持鎗刀列成行伍遇夜静時長燃香舉火雖是空營賊人未知虛實我則臨機應變仍有妙用

毒藥烟毬

毬重五斤用硫黄十五斤草烏頭十五兩焰硝一斤十四兩巴豆五兩狼毒五兩相油二斤半菜子油二斤半木炭末五兩瀝青二兩半砒霜二兩黄蠟一兩竹茹一兩一分麻茹一兩一分擣合為毬貫之以麻索一條長一丈二分尺重半斤為弦子更以故紙十二兩半麻皮十兩瀝青二

两半黄蠟二两半黄丹一两一分炭末半斤搗合塗傳於外若其氣薰人則口鼻血出二物並以砲放之攻城者必傷也

火藥方　晋州硫十四两　窩黄七两　定粉一两　焰硝二斤半　蘇茹一两　乹漆一两　砒黄一两　竹茹一两　黄丹一两　黄蠟半两　清油一分　桐油半两　松脂十四两　濃油一分　右以硫黄窩黄焰硝同搗羅過砒黄定粉黄丹同研乹漆搗為末竹茹蘇茹即微炒為碎細末黄蠟松脂清油濃同熬成膏入前藥末旋和匀用

紙五重褁之用蘇定要堅縛更別容松脂傅之用砲放之

鐵嘴火鷂

木身束杆草為尾入火藥在尾内竹火鷂編竹為踈眼籠腹大口狹形微修長糊紙數重刷金黄色入火藥一斤在内加一小石使其勢重束杆草三五個為尾二物與毬相同若賊來攻城皆以炮放之燔賊積聚

一母十四子砲

以竹篾作砲胎徑二寸糊紙砲一十五個先以一個作母十四個作子週圍挹住一個砲之藥信長短俱總於内外

紙糊作一大砲用墨跡記其藥信之所此砲有十五聲响
次第而鳴山上擲下使敵焦頭爛額仍有叔營禩用通變
在於主帥可作號砲
藥方　焰硝一斤　硫黄三兩二錢　杉木灰四兩
藥信方　硝一斤　硫四錢八分　杉木灰四兩八錢
三味滴水研細晒乾再研
人信方　硝四兩三錢　黄一錢二分　灰一兩
荔枝砲
尾匠造土砲如荔枝形撓大空腹内容藥二合畨小指頭

大一眼厚一寸烧作尾砲藥為極細末慢慢磨入砲内約有九分以竹一節釘入砲中空處入藥信以紙糊定如遇攝挖墩臺之賊點火擲下擊賊砲响破後碎砲尾擊之火藥烧之

砲藥方　焰硝一斤　硫黄四両　杉木灰四兩俱研極細末入砲内

火龍口

以小口大腹瓶将藥為末每藥一升對末屑一升實按瓶内紙糊十数層安信藥将繩繫住横腰如遇前賊點火将

擲下墩臺燒賊守城亦可

藥方　熖硝一斤　硫黄四兩　柳條灰四兩　砒霜四錢八分

藥信方　絶好熖硝一斤　硫黄四錢八分　杉木灰四兩八錢非大龍口不用此二味滴水碾之極細晒乾再碾

風塵砲

擴子石灰羅過桑柴灰各等分大火炒半炷官香用大口小底瓶底鑿一竅安紙砲一個在内藥信從底竅中入將石灰寔築瓶内生牛皮封瓶口用則取上風放之砲响瓶

破灰揚迷目致勝之法山上擲下及平陸擊敵下風者莫能喘息開目遇掘登墩臺之賊用此擊之紙砲用雞子殼前裝筋枝藥滿外以紙糊晒乾再糊以厚三分為度凡遇賊來攻城即以此風塵砲擲下砲响瓶破灰塵四塞賊難開目矣此守城之要法也

鐵車兵

用尋常小車前用遮板高六七尺濶三尺鐵葉裹之上釘一二尺許狼牙大釘當上數小眼放箭放鎗下當三大眼放百子大砲每尺一車用四人一人推車一人車上點砲

二人兩邉射箭兵器維持每出兵用車数百輪四面皆如此行則爲陣住則爲城如鐵山也

連珠箭

桑木作弓照常弩様但柄上面凿二渠渠上作一木搥作兩箱盛箭二十枝其箭長八寸有鋼無鏃上用一鐵絆安於柄上用時将絆一班其弦自入殻内一推兩箭如此發箭甚速勢如連珠攻擊極利之器箭頭用前毒藥製可以防守

地雷

近女墻處或城壕裏多埋地雷線牽城上敵至地雷一發萬無一生其雷以碗口砲内裝火藥上塞石九一二步埋一個以小竹去節中空藥線盛内以羊腸松香固口以防濕氣上一線連十線十線連百線相連無窮矣

懸城鎗

形如短袖鎗内裝火藥口衘右九傍生一柄高懸城上口向下垂油紙封藏藥信敵人傍城火至不落

防城石

用粗石不拘大小其中鑿空傍鑿一小眼安藥線内裝火

藥用石塞緊散於城下線牽城上敵人近城火至石碎擊
人

防城銃

用短柄小銃橫釘城上約二三尺高線擊城上敵人近城
火至銃發擊人

霹靂火毬

用乾竹兩三節徑一寸半無罅裂者存節勿透用薄瓷如
鐵錢大者三十片和火藥斤三四斤褁竹爲毬兩頭留竹
寸許加傳藥若賊穿地道攻城我則穴地迎之用火錐烙

毬砲聲如霹靂再以竹扇簸其烟焰以薰灼敵人放毬者須口含甘草解毒如事在危急烟毬不備用乾艾一石燒烟亦可

糞砲罐

用磚瓦罐入藥一斤半以草塞口如敵人攻城以砲放之可以透鐵甲中則成瘡潰爛放砲之人仍以烏梅甘草置口中以辟其毒

藥方　人糞晒乾燒成灰存性研成細末十六斤　狼毒半斤　草烏半斤　巴豆半斤　皂角半斤　砒霜半斤

砒黄半斤　班猫四兩　石灰一斤　荏油半斤入鑊内

煎沸拌前藥内用罈盛之封固聽用

猛火神油

凡敵來攻城在大濠内及傳城者頗衆勢不能過則先用

橐𩐙爲大牛縋城下於踏空板内放猛火油中人皆糜爛

水不能滅若水戰則可燒浮橋戰艦先於上流簸糠粃熟

草以引其火然後放猛火油焚之但猛火油出占城國最

爲難得姑存之以備叅考

尅敵武畧熒惑神機卷之九終

無敵火龍神藥方

歌曰：

二十八宿步天曹，星光應地生藥苗。開天闢地安邦國，用之鬼哭與神號。蛇埋一味獨爲尊，上應天垣角木星。亢金龍是良姜藥，氐土貉名半夏根。商陸上應房日兔，心月狐生蒺蘆藤。鈎吻原屬尾火虎，箕水豹長天南星。斗木獬星爲甘遂，牛金牛名號天雄。女土蝠星大附子，虚日鼠主芫花精。狼毒上應危月燕，室火猪牙皂角生。貐牙皂角屬壁水，奎木狼有萱姜根。婁金狗號番木鱉，胃土雉名鬼舊靈。昴日鷄主胡辛目，畢月烏長川烏神。觜火猴生巴豆毒，參水猿爲川細辛。雷公藤屬井木犴，鬼金羊是躑躅精。柳土獐名紅大戟，星日馬應雷丸生。張月鹿至風茄妙，翼火蛇名蛇床靈。軫水蚓是龍瓜艾，二十八味按天星。每味一斤零二兩，誅凶滅賊顯威風。上風揚去號神砂，迷人眼瞎便昏花。炮中發去號神烟，九竅聞之噴鮮血。但得毫厘鑽鼻竅，腦漿流出命歸泉。注於溪澗號神水，寸腸立斷心肝碎。迎風送入賊營中，百萬兵雄一陣空。不用干戈并漢馬，奪取凌烟第一功。

蛇埋草烏草、龍尾良姜草、連珠半夏草、兔頭商陸草、狐跋藜蘆草、虎牙鈎吻草、豹眼南星草、搜風甘遂草、牛舌天雄草、鬼頭大附草、鼠尾芫花草、黑記狼毒草、猪牙皂角草、貐牙皂角草、狼牙萱姜草、斷腸番鱉草、雉頭鬼臼草、鷄日胡辛草、黑神川烏草、將軍巴豆草、神烈川辛草、天雷公藤草、神羊躑躅草、紅牙火戟草、霹靂雷丸草、金絲風茄草、蛇床不食草。

魚鱗艾朒草

右神草二十八品，上應天垣二十八宿，炮煉極乾，碾羅極細，和以砒黄、礦霜、班猫、石黄、蜈蚣、蝦蟆、蝰蛇、孔雀尾、蝎尾，各爲細末，或用爲神沙，或用爲神烟，或用爲神水，其毒不可名狀，在爲將隨機應用可也。此神藥一斤可斃賊百萬，遇之立死。以天地生物之仁、太上好生之德律之，殺傷大慘，恐損己壽，武侯藤甲之焚已爲明鑒。必須上應天道，下救生民，以安社稷，以滅强虜，萬不得已而用之可也。

凡製藥須於净室，不許一切人及六畜見之。於净室内立壇供養藥王、藥聖、天垣二十八宿星君、雷公、風伯、火神及歷代軍師各將各神之位。選擇天將吉日，主帥率副將、謀士及裝藥之人，俱要齋戒，虔誠沐浴更衣，備鹿脯、三牲、酒果、香燭之儀，再拜、獻酒、讀祝文、鳴樂，祭畢，方令製藥人依法製之。其製藥之人必須以解藥煎水沐浴遍身，口内再噙解藥，鼻中亦塞解藥，方敢製之，庶不中毒，切宜慎之。製藥已成，主帥再虔誠致祭，再拜禱祝，方敢用之。以後凡製神火、烈火、毒火、爛火、法火、飛火、神烟、神沙，俱依此法製，切不可令不潔之人見之，以致厭穢。少有觸犯，不爲不效，必之出窨用桶收拾。

又蛇埋草方

用土蛇數十條，挖一坑先鋪猪毛和馬糞在下，將蛇放上，然後用土蓋四寸許，將花芥菜子種上，澆灌糞清水，俟長出，待其老結子，收其子碾碎入藥，立刻殺賊。

此條前均係後人所加。

造千子雷藥方

黄砒、石灰各一兩，桐油、自然銅、乾人糞各半斤爲末，後用香油一斤調和稠黏，先用好黄酒一斗五升入鍋，下狼毒半斤，山烏一斤，川烏四兩，巴豆肉半斤，南星、龍骨、半夏各四兩，煎酒至一斗，絹濾去渣，却下藥再下硇砂、桑霜各四兩，硝半斤，再熬如餳，每鐵子一升用藥半斤，慢火煎乾，以不沾爲度。

藥球方（滅馬霞内用）

硫黄半斤，硝一斤丨兩，柳灰十兩，瀝青三兩，油麻二兩，砒霜四兩，竹茹一兩，草烏半斤，川烏四兩，巴豆五兩，天仙子四兩，鬧羊花二兩，狼毒五兩，南星二兩，半夏二兩，班猫三兩，共爲細末，白芨和爲球，外用故紙十二兩，麻半斤，瀝青五兩，黄蠟四兩，黄丹四兩，灰末十二兩，共搗和一處，固臍於藥球外，中通一孔以貫藥綫。

見血封喉藥方

三月内取草烏搗汁，以磁盤盛之，一日曬乾爲妙，過夜不□□即擊，可擒即擒，可殺即殺，生擒活捉，雖匹馬亦無還矣。

收毒藥方

用鴿糞不拘多少，煎濃水染厚皮紙七次，收藏其藥，庶不泄其氣也。

解裝藥人毒法 凡製一切毒藥皆用此法

製藥人先服用甘草湯三日，每日用烏梅煎水沐浴遍身數次，待皮有黑色爲妙。切戒鷄魚發物，口中常嚼甘草，脩時先吃竹中清一日。解毒湯修合後，仍煎甘草湯服之。身要沐浴，仍服竹中清解毒。忌食面、葱蒜一切發物。製藥時仍以雄黄塞鼻，切勿沾身。

取竹中清法

用新研苦竹截成筒，兩頭留節，入人厠坑中三、四、七日或一、二月尤佳，取出竹洗净。修藥時服竹内清水，一日三次，合毒藥時使毒不能入服。如筒中無水，嚼清水，茹食之亦能解也。

此條係後人所加。

解毒藥方

明雄半斤，煎炒二兩研成細末，將白鴨取血拌匀，九浸九曬乾。又取緑豆漿、白蘿蔔汁、藍根汁、含香木汁，各次第同前法三浸三曬。又用烏梅肉四兩、甘草半斤熬膏拌藥爲丸，如芡實大。製毒、裝毒、收毒各噙一丸，可免毒反噬。

又方

取人髮煎熬數滾，候冷服之，亦可解毒。如有藥用藥，無藥熬此水帶身邊，可備急用，旋熬恐無及也。如無水，中毒急取新汲水飲亦可解也。

此條係後人所加。

火種方

不灰木末一斤，鐵衣三兩，炭末三兩，麩皮三兩，紅棗肉六兩，右細研爲末，調和一處，用米泔略拌爲餅，每兩可管一月。

又火種方

用陳綿花籽四兩炒焦，桑木屑一兩，杉木灰二錢，共爲末。又用杉木一塊，厚五寸，闊五寸，中作一窩，將前三件放在内，用杉木蓋定收起，要用時將鐵火鑽一鑽，其火即出，收下又用。

又員（員：通「圓」。）燧可以取火，削木令圓，急舉向日，以艾於後承其影則得火。水晶向日，以艾承其影則得火，又以火鑽鑽車軸亦得火，又以火刀擊火石亦得火，或以陳綿花燒火，包草竹葉内，口吹即着。

袖中火

舊棉花水濕，曬乾又濕，如此七次，藏胡桃内，以火在中，包了放汗巾内縛住，再不着出，如要火，向風自着。

附録奇方

鐵鼃脂得火可以燃鐵，又刺猬油能煮鐵成粉。又云蚖脂即蜥蜴守營也，出淮南，取爲燈，置水中能見水中諸物。

此段後人添加，不可信。

製長生火法

石灰半斤，焦灰一斤，火硝八兩，真山灰一斤，朝腦八兩，棗肉量用，共搗一處，作炭箕，用拳大塊入灰缸内，火灰培嚴，可留一月方盡。

製焦炭法

將地掘二尺深，一尺寬，下用爛草填一扎厚，鐵匠家使用石炭放上，仍用爛草蓋一扎厚，用土培緊，不可使鬆。要一門發火，又留一眼如盞大出烟，任意火均七八晝夜，待無烟乃炭火盡，待冷取出用之。

神砂法

法用細砂一升羅過，硇砂、蟾酥、膽礬、火硝、皮硝、白鹽、青鹽、白礬、皂礬、桑霜、人言（人言：原名『砒石』，始載於宋《開寶本草》。爲天然的砷華礦石，其加工製品爲砒霜。）、茉末、銀銹，已上各一兩共爲細末，用燒酒、醋炒砂三炷香，焙乾俱爲細末，裝入乾酒瓶内，用硝磚塞口。凡出行時用竹筒一個，内至隔皮、底皮亦要去盡，砂入内，有木屑、膠水塞嚴密，將上隔皮用鑽八九孔，再製下蓋如盒蓋樣，於蓋邊鑽四孔，二孔束筒、二孔作繫。其底邊亦鑽四孔，通照上繩，常帶身邊，隨機應用。

又

礦灰、硇砂、紅砒、硫黄、白硼共爲末用，加好燒酒炒過聽用。

又方

風化灰一斗炒熱，將砒霜四兩，用班猫、狼毒、燒酒煮過，焙乾研爲末，和入石灰内，又加黑煤五升，或盛紙囊，繫於竿首，或置諸竹筒，順風揚進，使賊目觸而暗，口吸入腹即死。

又方

用銅鐵剪尖片，快如箭頭而利，又用磁鋒每一斗用硫黄末三斤、燒酒二十碗拌匀入鍋内，微火炒，待乾時下砒霜末十兩、童便十碗同入拌匀，炒乾時取起以紙包之，用火烘極乾，加提淡焰硝五斗、黑煤一斗五升，匀入前藥内研極細，用竹筒去青，以麻細細縛過裝藥封固，收藏聽用。

梅花銃藥方

净硝一斤，硫黄一兩六錢，柳灰三兩，人言八錢，燒酒四兩。右藥各先另碾細末後總合一處，再碾羅極細，用燒酒和入木臼内，以石杵細杵千杵，藥乾再入燒酒再杵，務足千杵，以藥托上手掌上，見火即飛，不燒手始爲精妙。

信藥方

净硝一兩燒酒製，葫灰、班猫各三錢，硫黄三分。右藥各先另碾細末後，總合一處，再碾極細製酒同前。

火炮藥方

净硝一斤，硫黄一兩六錢，桱木灰三兩，製法同前。

起火藥方

净硝一斤，硫黄八錢，桱木灰四兩八錢，製法同前。

爆火藥方

净硝四兩，硫黄一錢，班猫七錢三分，灰七錢，製法同前。

噴火藥方

净硝二兩，硫黄四錢五分，細砂七錢五分，桐油、巴油拌炒，灰三錢五分，製法同前。

炮火藥方

净硝一斤，硫黄六兩，葫箬灰三兩，石灰一兩，黑砒三錢，雄黄五錢。

紙炮火藥方即藥箭藥

净硝一斤，硫黄二兩四錢，杉灰四兩，製法同前。

紙炮急火藥方

净硝一斤，硫黄三兩二錢，杉灰四兩，製法同前。

火球藥方即明火藥

净硝一斤，硫黄六兩，灰八錢，製法同前。

噴筒藥方

净硝一斤，灰五兩，煤一兩，硫黄八錢，松香不拘，製法同前。

噴筒内發藥方

净硝一斤，硫黄一兩六錢，灰四兩，製法同前。

烟罐藥方

净硝一斤，硫黄八錢，人信五錢，石黄五錢，灰五兩，松香一兩。

銃藥方

净硝一斤，硫黄一兩，灰四兩，製法同前。

藥綫方

净硝二兩，硫黄三分，灰三錢，製法同前。

鉛錫銃佛郎機藥方

净硝一斤，硫黄一兩六錢，灰四兩，人信一兩，狼毒，班猫。

此條係後人所加。

流星藥方

净硝一斤，灰五兩，硫黄二兩，製法同前。

朝天銃藥方

净硝一斤，硫黄五錢，灰五兩，製法同前。

鐵石榴藥方

净硝一斤，黄三兩，灰四兩，人言一兩，狼毒、班猫、倭鉛、水銀合一兩。

製鳥銃藥方

研細净硝一兩，研細净黄一錢四分，研細净柳木灰一錢八分。

以此爲則算，硝、黄、炭共積二斤之數，下於一臼，如木臼用石杵舂，石臼用木杵舂，恐相擊生火作燃耳。用山泉極淡之水一碗有餘，每灑水少許，舂百餘下，又曬又舂，徐徐灑水，舂之如此三日，將臼内藥舂成一塊曬乾，用無漿綫綿紙作繩點火，在開遠試無硝黄渣滓即可用矣。如有渣滓再舂一日，必試無渣滓爲度。取出放於大簸箕内，用無油净刀畫如緑豆大小塊，每鉛子一錢五分，用藥一錢五分，信藥比銃藥多舂一日，亦試無渣滓爲度。取出曬乾，放出鐵鍋内研細聽用，不須切碎。

此條係後人所加。

製焰硝法

每一鍋下净硝五十斤，添水没至一手面外，先用牛皮膠一兩，用水三碗另熬成水，纔將硝鍋燒起，每硝滚一次，將膠水點一次，如有黑渣，將罩籬撈起，連滚四五次皆如上法，熬静，以闊口缸一隻，將繩子二條十字放在缸底，一將鍋中硝水傾在缸内，用草蓋了，待一二日將上面水傾净，提出繩子曬乾後取下净硝，脚渣不用，以石碾研細，羅成面，入鍋内，用大木槌研細聽用。

製硫黄法

用净黄不拘多少，凡青脚者即不可用，以火藥碾研細，絹羅成麵，仍放在鐵鍋内研細聽用。

製柳灰法

取鷄子粗柳木數十根，每根長五六尺，削去皮節，掘地坑一個，煨燒成炭，用罐盛滿，將碗蓋住，以泥封，不令見風，遲日冷定取出，研細羅成麵聽用。

火器總要

初裘紙如魚鱗樣，凡五層，若久放者以黄栢煎水和漿，使蟲不食，故能久留。以表紙捲筒，有三樣：大筒凡五寸長，中筒三寸，小筒半寸。大筒要重五兩，以兩條半紙捲則有矣。中筒要重五錢，祇條半有矣。小筒不論輕重，祇紙半條。上中筒俱以等稱，多則减，少則加，紮筒以麻繩紮，不可用紮刀。用紮刀則内紙又不緊而不好，痛戒！捲筒以大凳一條，上用中凳，以紙筒放凳下，人坐於上，此頭用一人盡力一推，凡五推則緊，取出以麵糊沾住，取出竹竿，小頭用口以一咬就以麻紮。

〔識硝黄之法〕

識硝之好，衹看其中有老牙森森者，此好硝也，無牙者不用。

識黄之好，看如蛋黄様，絶無一毫帶黑色，用手擊之得碎，内色一様，此上黄也，黑硬者不用。

凡此硝先用慢火炒，恐火急則硝化。上用鐵鏟如流翻覆，凑鍋底鏟起，候硝乾，火則大少許無害，不可東西張望以忘。内硝炒慢則硝帶黑色，出水沾鍋，此油硝也，不用。必如法炒至有黄象牙色，鏟起，此上等硝也。如無象牙色帶白，此硝嫩也，不用，恐日後回潮，必炒至黄色方好。

凡擂硝、黄等様，必以手試之，無渣乃用羅篩篩過，粗者再擂又篩。如藥太乾飛舞，用頭燒酒少許入内。

凡築藥，以藥一匙入内，用鐵竿緊塞定，上以木槌打，暗記下數，大筒藥一匙打一百二十下，初匙藥打八十下，中筒初藥一匙打六十下，後藥八十下，小筒藥打二十下。築起上面還留三四分以盛毒藥。大筒築完以等稱，但連藥筒有三兩二三錢者上好，若三兩平等如二兩八九者不用。中筒連藥若有六七錢無用，少者不用。小筒藥以築緊爲度，如中筒連藥若有一兩六七錢者爲用甚妙。

凡鑽火筒眼要深三寸，鑽上以麻紮三寸，鑽至麻處即扯出鑽，可爲長計。如鑽久鑽熱，不可用冷水濕，衹可扯出冷少時再鑽。中筒鑽眼深一寸八分，小筒九分，鑽完以竹籤截眼内，將指輪轉，若歪邪不用。暗記在上，紮箭將箭挨暗記處。

紮完火箭離筒四指，將手稱平，如尾輕用鐵墜墜脚。若五指能平也罷，如再重不用。安引直凑眼底，以短引塞眼口，不可太緊，緊則爆，寬則恐引走出，務要停當如法。紮完中箭，離筒二指三指，以手稱平，如重不用。引綫及紮箭如火筒一樣，餘心法難以筆寫。

克敵武略熒惑神機卷之十終

尅敵武畧熒惑神機卷之十

火器藥品

無敵火龍神藥方　歌曰

二十八宿步天曹　星光應地生藥苗
開天闢地安邦國　用之鬼哭與神號
蛇埋一味獨為尊　上應天垣角木星
亢金龍是良薑藥　氐土貉名半夏根
商陸上應房日兔　心月狐生蒺藜藤
鉤吻原屬尾火虎　箕水豹長天南星

斗木獬星爲甘遂　牛金牛名號天椎
女土蝠星大附子　虛日鼠主芫花精
狼毒上應危月燕　室火豬牙皂角生
揄牙皂角屬壁水　奎木狼有萱薑根
婁金狗號番木鱉　胃土雉名鬼舊靈
昴日雞主胡辛目　畢月烏長川烏神
觜火猴生巴豆毒　參水猿爲川細辛
雷公藤屬井木犴　鬼金羊是躑躅精
柳土獐名紅大戟　星日馬應雷丸生

張月鹿至風加妙　翼火蛇名蛇床靈
軫水蚓是龍爪艾　二十八味按天星
毎味一斤零二両　誅尅滅賊顯威風
上風揚去號神砂　迷人眼瞎便昏花
砲中發去號神煙　九竅聞之噴鮮血
但得毫厘鑽鼻竅　腦漿流出命歸泉
注于溪澗號神水　寸腸立斷心肝碎
迎風送入賊營中　百萬兵雄一陣空
不用干戈并漢馬　奪取淩煙第一功

蛇埋草烏草　龍尾良薑草　連珠半夏草
兎頭商陸草　抓跋藜蘆草　虎牙鈎吻草
豹眼南星草　搜風甘遂草　牛舌天雄草
鬼頭大附草　鼠尾芫花草　黑記狼毒草
豬牙皂角草　猗牙皂角草　狼牙萱薑草
斷腸蕃鱉草　雞頭鬼臼草　鷄日胡辛草
黑神川烏草　將軍巴豆草　神烈川辛草
天雷公藤草　神羊躑躅草　紅牙大戟草
霹靂雷公草　金絲風茄草　蛇床不食草

魚鱗艾肭草

右神草二十八品上應天垣二十八宿硇煉極乾碾羅極細和以砒黃礦霜班猫石黄蜈蚣蝦蟆蝰蛇孔雀尾蝎尾各為細末或用為神沙或用為神煙或用為神水其毒不可名狀在為將隨機應用可也此神藥一斤可驚賊百萬遇之立死以天地生物之仁太上好生之德律之殺傷大慘恐損已壽武侯藤甲之焚已為明鑑必須上應天道下救生民以安社稷以滅殘暴萬不得已而用之可也

凡製藥須於净室不許一切人及六畜見之於净室内立

壇供養藥王藥聖天垣二十八宿星君雷公風伯火神及歷代軍師各將各神之位選擇天將吉日主帥率副將謀士及製藥之人俱要齋戒虔誠沐浴更衣備鹿脯三牲酒菓香燭之儀再拜獻酒讀祝文鳴樂祭畢方令製藥人依法製之其製藥之人必須以解藥煎水沐浴遍身口内再噙解藥鼻中亦塞解藥方敢製之庶不中毒切宜慎之製藥已成主帥再虔誠致祭再拜禱祝方敢用之以後凡製神火烈火毒火爛火法火飛火神烟神沙俱依此法製切不可令不潔之人見之以致厭穢少有觸犯不為不効少之出害用捅收拾

又蛇埋草方

用土蛇数十條挖一坑先鋪猪毛和馬糞在下将蛇放上然後用土盖四寸許将花芥菜子種上澆灌糞清水俟長出待其苙結子収其子碾碎入藥立刻殺賊

造千子雷藥方

黄砒　石灰各一兩　桐油　自然銅　乾人糞各半斤

為末後用香油一斤調合稠粘先用好黄酒一斗五升入鍋下狼毒半斤山烏一斤川烏四兩巴豆肉半斤南星龍骨半夏各四兩煎酒至一斗絹濾去渣却下藥再

下硇砂桌霜各四兩硝半斤再熬如餳每鐵子一升用

藥半斤慢火煎乾以不沾為度

藥毬方滅馬覆內用

硫黃半斤　硝一斤十兩　柳灰十兩　瀝青三兩　油蘇二兩

砒霜四兩　竹茹一兩　草烏半斤　川烏四兩

巴豆五兩　天仙子四兩　鬧羊花二兩　狼毒五兩

南星二兩　半夏二兩　班猫三兩　共為細末白芨和為

毬外用　故紙十二兩　蔴半斤　瀝青五兩　黃蠟四

兩　黃丹四兩　灰末十二兩·共搗和一處固膌於藥毬

外中通一孔以貫藥線

見血封喉藥方

三月内取草烏擣汁以磁盤盛之一日晒乾為妙過夜不

即擊可擒即擒可殺即殺生擒活捉雖匹馬亦無還矣

収毒藥方

用鴿糞不拘多少煎濃水染厚皮紙七次収藏其藥庶不

泄其氣也

解裝藥人毒法 凡製一切毒藥皆用此法

製藥人先服甘草湯三日每日用烏梅煎水沐浴遍身数

次待皮有黑色為妙切戒鷄魚發物口中常嚼甘草脩時先吃竹中清一日解毒湯修合後仍煎甘草湯服之身要沐浴仍服竹中清解毒忌食麪葱蒜一切發物製藥時仍以雄黃塞鼻切勿沾身

取竹中清法

用新斫苦竹截成筒兩頭留節入人厠坑中三四七日或一二月尤佳取出竹洗淨修藥時服竹内清水一日三次合毒藥時使毒不能入服如筒中無水嚼青木茹食之亦能解也

解毒藥方

明雄半斤煎炒二兩研成細末將白鴨取血拌勻九浸九晒乾又取菉豆漿白蘿蔔汁藍根汁含香木汁各次第同前法三浸三晒又用烏梅肉四兩甘草半斤熬膏拌藥爲丸如茨實大製毒裝毒收毒各嚼一丸可免毒反噬

又方

取人髮煎熬數滚候冷服之亦可解毒如有藥用藥無藥熬此水帶身邊可備急用旋熬恐無及也如無水中毒急取新汲水飲亦可解也

火種方

不灰木末一斤　鐵衣三兩　炭末三兩　麩皮三兩

紅棗肉六兩

右細研為末調和一處用米泔略拌為餅每兩可管一

月

又火種方

用陳綿花子四兩焦炒　桑木屑一兩　杉木炭二錢

共為末又用杉木一塊厚五寸闊五寸中作一窩將前

三件放在內用杉木蓋定收起要用時將鐵火鑽一鑽

其火即出収下又用

又員燧可以取火削木令圓急舉向日以艾於後承其

影則得火水晶向日以艾承其影則得火又以火鑽〻

車軸亦得火又以火刀擊火石亦得火或以陳綿花燒

火包草竹葉内口吹即着

袖中火

舊綿花水濕晒乾又濕如此七次藏胡桃内以火在中包

了放汗巾内縛住再不着出如要火向風自着

附録奇方

鐵龜脂得火可以燃鐵又刺蝟油能煑鐵成粉又云蚖脂即蜥蜴守營也出淮南取爲燈置水中能見水中諸物

製長生火法

石灰半斤　焦灰一斤　火硝八兩　真山灰一斤

朝腦八兩　棗肉量用

共擣一處作炭箕用拳大塊入灰缸内大灰培嚴可留一月方盡

製焦炭法

將地掘二尺深一尺寬下用爛草塡一扎厚鉄匠家使用

石炭放上仍用爛草蓋一扎厚用土培緊不可使鬆要一門發火又留一眼如盞大出烟任意火均七八晝夜待無烟乃炭火盡待冷取出用之

神砂法

法用細砂一升羅過硇砂蟾酥胆礬火硝皮硝白塩青塩白礬皂礬桑霜八言茱末銀銹已上各一兩共為細末用燒酒醋炒砂三炷香焙乾俱為細末裝入乾酒瓶内用硝磚塞口凡出行時用竹筒一個内至隔皮底皮亦要去尽砂入内有木屑膠水塞嚴密將上隔皮用鑽八九孔再製

下蓋如盒蓋樣於蓋邊鑽四孔二孔東筒二孔作繫其底邊亦鑽四孔通胎上繩常帶身邊隨扒應用

又

礦灰　硇砂　紅砒　硫黄　白硼

共爲末用加好燒酒炒過聽用

又方

風化灰一斗炒熱將砒霜四兩用班猫狼毒燒酒煑過焙乾研爲末和入石灰内又加黑煤五升或盛紙囊繫於竿首或置諸竹筒順風揚進使賊目觸而瞎口吸入腹即死

又方

用銅鐵剪尖片快如箭頭而利又用磁鋒每一斗用硫黄末三斤燒酒二十碗拌勻入鍋内微火炒待乾時下砒霜末十兩童便十碗同入拌勻炒乾時取起以紙包之用火烘極乾加提淡戧硝五斗黒煤一斗五升勻入前藥内擀極細用竹筒去青以蔴細細縛過裝藥封固収藏聽用

梅花銃藥方

净硝一斤　硫黄一兩六錢　柳灰三兩　人言八錢

燒酒四兩

右藥各先另碾細末后總合一處再碾羅極細用燒酒和入木桕內以石杵細杵千杵藥乾再入燒酒再杵務足千杵以藥托上手掌上見火即飛不燒手始為精妙

信藥方

淨硝一兩燒酒製　葫灰　班猫各三錢　硫黃三分

右藥各先另碾細末后總合一處再碾極細製酒同前

大砲藥方

淨硝一斤　硫黃一兩六錢　桱木灰三兩　製法同前

起火藥方

淨硝一斤　硫黃八錢　桱木灰四兩八錢　製法同前

爆火藥方

淨硝四兩　硫黃一錢　班猫七錢三分　灰七錢　製法同前

噴火藥方

淨硝二兩　硫黃四錢五分　細砂七錢五分桐油巴油拌炒　灰三錢五分

製法同前

炮火藥方

淨硝一斤　硫黃六兩　葫蘆灰三兩　石灰一兩

黑砒三錢　雄黃五錢

紙炮火藥方即藥箭藥

淨硝一斤　硫黃二兩四錢　杉灰四兩　製法同前

紙砲急火藥方

淨硝一斤　硫黃三兩二錢　杉灰四兩　製法同前

火毬藥方即明火藥

淨硝一斤　硫黃六兩　灰八錢　製法同前

噴筒藥方

淨硝一斤　灰五兩　煤一兩　硫黃八錢　松香不拘

製法同前

噴筒內發藥方

淨硝一斤　硫黃一兩六錢　灰四兩　製法同前

煙礶藥方

淨硝一斤　硫黃八錢　人信五錢　石黃五錢　灰五兩

松香一兩

銃藥方

淨硝一斤　硫黃一兩　灰四兩　製法同前

藥線方

淨硝二兩　硫黃三分　灰三錢　製法同前

鉛錫銃佛狼機藥方

淨硝一斤　硫黄一兩六錢　灰四兩　人信一兩　狼毒

班猫

流星藥方

淨硝一斤　灰五兩　硫黄二兩　製法同前

朝天銃藥方

淨硝一斤　硫黄五錢　灰五兩　製法同前

鐵石擂藥方

淨硝一斤　黄三兩　灰四兩　人言一兩　狼毒

班猫　倭鉛　水銀合一兩

製鳥銃藥方

研細淨硝一兩　研細淨黃一錢四分　研細淨柳灰一錢八分

以此為則箕硝黃炭共積二斤之數下于一桕如木桕用石杵椿石桕用木杵椿恐相擊生火作燃耳用山泉極淡之水一碗有餘每酒水少許椿百餘下又晒又椿徐〻酒水椿之如此三日將桕內藥椿成一塊晒乾用無粱線綿紙作繩點火在開遠試無硝黃渣滓即可用矣如有渣滓再椿一日必試無渣滓為度取出放於大

簸箕內用無油淨刀畫如菉豆大小塊每鉛子一錢五分用藥一錢五分信藥比銃藥多椿一日亦試無渣滓為度取出晒乾放出鐵鍋內研細聽用不須切碎

製燄硝法

每一鍋下淨硝五十斤添水沒至一手面外先用牛皮膠一两用水三碗另熬成水纔將硝鍋燒起每硝滾一次將膠水點一次如有黑渣將罩籬撈起連滾四五次皆如上法熬靜以潤口鋼一隻將繩子二條十字放在鋼底一將鍋中硝水傾在鋼內用草蓋了待一二日將上面水傾淨

提出繩子晒乾取下浄硝脚渣不用以石碾研細羅成麪

入鍋内用大木搥研細聽用

製硫黄法

用浄黄不拘多少凢青脚者即不可用以火藥碾研細絹

羅成麪仍放在鐵鍋内研細聽用

製柳灰法

取鷄子粗柳木數十根每根長五六尺削去皮節掘地坑

一個煨燒成炭用鐔盔滿将碗盖住以泥封不令見風遅

日冷定取出研細羅成麪聽用

火器總要

初裹紙如魚鱗樣凡五層若久放者以黃栢煎水和漿使蟲不食故能久留

以表紙捲筒　有三樣大筒凡五寸長中筒三寸小筒寸半大筒要重五兩以兩條半紙捲則有矣中筒要重五錢只條半有矣小筒不論輕重只紙半條上中筒俱以等稱

多則減少則加扎筒以蔴繩扎不可用扎刀用扎刀則内紙又不緊而不好庯戒　捲筒以大凳一條上用中凳以紙筒放凳下人坐於上些頭用一人盡力一推凡五推則緊取出以麵糊沾住取出竹竿小頭用口以一咬就以蔴扎

識硝之好只看其中有老牙森森者些好硝也無牙者不用

識黄之好看如蛋黄様絶無一毫帶黑色用手擊之得碎内色一様些上黄也黑硬者不用

凡此硝先用慢火炒恐火急則硝化上用鐵鏟如流翻霞

凑鍋底鏟起候硝乾火則大少許無害不可東西張望以

恐內硝炒慢則硝帶黑色出水沾鍋此油硝也不用必如

法炒至有黃象牙色鏟起此上等硝也如無象牙色帶者

白此硝嫩也不用恐日後回潮必炒至黃色方好

凡擂硝黃等樣必以手試之無渣乃用羅篩々過粗者再

擂又篩如藥太乾飛舞用頭燒酒少許入內

凡築藥以藥一匙入內用鐵竿緊塞定上以木槌打暗記

下數大筒藥一匙打一百二十下初匙藥打八十下中筒

初藥一匙打六十下后藥八十下小筒藥打二十下築起
上面還留三四分以盛毒藥大筒築完以等稱但連藥筒
有三兩二三錢者上好若三兩平等如二兩八九者不用
中筒連藥若有六七錢無用少者不用小筒藥以築緊為
度如中筒連藥若有一兩六七錢者為用甚妙
凡鑽火筒眼要深三寸鑽上以蘇扎三寸鑽至蘇處即扯
出鑽可為長計如鑽久鑽熱不可用冷水濕只可扯出冷
少時在鑽中筒鑽眼深一寸八分小筒九分鑽完以竹籤
截眼内將指輪轉若歪邪不用暗記在上扎箭將箭挨暗

記處

扎完大箭離筒四指將手稱平如尾輕用鐵墜墜脚若五指能平也罷如再重不用

安引直湊服底以短引塞服口不可太緊緊則爆寬則恐引走出務要停當如法

扎完中箭離筒二指三指以手稱平如重不用引線及扎箭如大筒一樣餘心法難以筆寫

尅敵武略熒惑神機卷之十終